M. L. Meena
Pradeep Kumar
G. S. Dangayach

# Desenvolvimento Sustentável utilizando Six Sigma na Indústria Automóvel

M. L. Meena
Pradeep Kumar
G. S. Dangayach

# Desenvolvimento Sustentável utilizando Six Sigma na Indústria Automóvel

ScienciaScripts

**Imprint**

Any brand names and product names mentioned in this book are subject to trademark, brand or patent protection and are trademarks or registered trademarks of their respective holders. The use of brand names, product names, common names, trade names, product descriptions etc. even without a particular marking in this work is in no way to be construed to mean that such names may be regarded as unrestricted in respect of trademark and brand protection legislation and could thus be used by anyone.

Cover image: www.ingimage.com

This book is a translation from the original published under ISBN 978-620-2-06385-2.

Publisher:
Sciencia Scripts
is a trademark of
Dodo Books Indian Ocean Ltd. and OmniScriptum S.R.L publishing group

120 High Road, East Finchley, London, N2 9ED, United Kingdom
Str. Armeneasca 28/1, office 1, Chisinau MD-2012, Republic of Moldova, Europe
Printed at: see last page
**ISBN: 978-620-7-79346-4**

# Capítulo 1 Introdução

## 1.1 Antecedentes

O tema da sustentabilidade tem sido amplamente debatido sob vários pontos de vista. Para além da necessidade de criar um ambiente de produção sustentável, foram também observados inúmeros benefícios. Por exemplo, um inquérito de 2010 às PME do sector transformador do Reino Unido revela que 56% já estão a investir em tecnologias e estratégias com baixas emissões de carbono. Estima-se que o mercado global de produtos com baixo teor de carbono já valha mais de 5 biliões de dólares e esteja a aumentar. Além disso, as empresas de fabrico sustentáveis obtêm maiores benefícios financeiros e uma melhor reputação do que as que se debatem com questões profundas de sustentabilidade (Wyckoff, 2014). Antes de as empresas poderem embarcar numa iniciativa Seis Sigma, necessitam de competências de resolução de problemas para enfrentar as dificuldades da sua organização. A formação em resolução de problemas e tomada de decisões proporciona uma forma estruturada de resolver questões ou problemas específicos.

- **Facilidade de implementação:** A implementação de um programa Six Sigma pode ser uma tarefa importante para qualquer empresa. A solução pode ser simplificada através da identificação de projectos de melhoria de processos, da prestação da formação necessária para a resolução de problemas, da criação de equipas para trabalhar nos projectos de melhoria de processos e da obtenção do apoio da administração, através da realização de reuniões regulares sobre o progresso e da insistência na aplicação dos processos de resolução de problemas.

- **Ferramentas robustas de resolução de** problemas: As ferramentas de resolução de problemas utilizadas num programa Six Sigma são normalmente as mesmas "ferramentas de qualidade" que se tornaram populares na década de 1980 com a Gestão da Qualidade Total (TQM), em que a gestão se esforça por obter sucesso a longo prazo através da satisfação do cliente. A TQM exige o envolvimento de todos os membros de uma organização na melhoria dos processos, produtos, serviços e até da cultura em que trabalham.

- **Facilidade de utilização:** Durante a implementação do Six Sigma, os funcionários tendem a pensar que só precisam destas competências para um grande projeto de melhoria de processos. O programa da Action Management permite que os funcionários utilizem a ferramenta exacta de que necessitam numa situação específica. Desta forma, os funcionários podem aplicar o que aprenderam aos problemas do dia a dia, independentemente de fazerem ou não parte de um grande projeto de melhoria de processos.

## 1.2 Seis Sigma e sustentabilidade

O outro elemento central da implementação do Seis Sigma é a sustentabilidade que traz para a organização. O conceito geral de sustentabilidade é melhor definido pela WCED (1987), que afirma que o desenvolvimento sustentável é aquele que satisfaz as necessidades da geração atual sem comprometer a capacidade das gerações futuras de satisfazerem as suas necessidades. Fricker (1998) definiu a sustentabilidade como uma visão do futuro que fornece um roteiro e se centra em determinados valores éticos e morais que podem orientar as acções de uma organização. Analisando a sustentabilidade em pormenor, esta centra-se principalmente em três aspectos, nomeadamente o crescimento económico, o progresso social e a proteção do ambiente (Munier, 2006).

A sustentabilidade engloba as pessoas, os recursos de capital, os recursos naturais, o ambiente e as instituições. (Fricker, 1998) acrescentou que a sustentabilidade não é apenas um resultado final de processos, mas uma procura constante de um comportamento qualitativo. Uma organização é considerada sustentável quando os seus trabalhadores estão dispostos a mudar e a adotar a mudança, o que, em última análise, conduz a uma conceção organizacional sustentável (Pepper e Spedding, 2010).

Numa perspetiva organizacional, em particular, a sustentabilidade refere-se ao valor acrescentado do Seis Sigma. A dimensão da sustentabilidade inclui a eliminação da variação, o controlo de novos processos, os controlos estatísticos, a redução da complexidade, a precisão, a exatidão e a eficácia do processo empresarial (Giardina, 2006). Um complemento ao Seis Sigma tradicional é o Lean Seis Sigma, que se centra principalmente na melhoria do fluxo do processo (Reiling, 2008). Devido aos diferentes pontos focais, a perspetiva da sustentabilidade também varia. No Seis Sigma, a sustentabilidade refere-se à maior normalização possível, com zero defeitos e zero desperdícios, ao passo que no Lean Seis Sigma, a sustentabilidade é enfatizada como a identificação do valor, a definição do fluxo de valor, a determinação do fluxo, a definição do efeito de atração e a melhoria do processo em cada função empresarial, como o marketing, as finanças e a gestão (Taghizadegan, 2010).

### 1.3 Abordagem DMAIC

#### 1.3.1 Necessidade do DMAIC

A abordagem Seis Sigma mais utilizada e mais conhecida é a abordagem DMAIC para a resolução de problemas. Esta secção apresenta uma visão geral da metodologia e das suas elevadas exigências para as organizações, uma vez que os requisitos definem os resultados correspondentes que determinam as tarefas e a seleção de ferramentas para o processo.

#### 1.3.2 O principal objetivo desta abordagem

A metodologia DMAIC (Definir-Medir-Analisar-Melhorar-Controlar) é o processo clássico de resolução de problemas Six Sigma. Tradicionalmente, a abordagem é aplicada a um problema com um processo existente e estável ou com uma oferta de produtos e/ou serviços.

O principal problema é o desvio das especificações do cliente, seja num produto ou num processo. Os desvios podem assumir muitas formas. O DMAIC resolve problemas com erros ou desvios dentro e entre as etapas de valor acrescentado de um processo. O DMAIC identifica os principais requisitos, resultados, tarefas e ferramentas padrão que uma equipa de projeto pode utilizar para resolver um problema. Erro, desvio de um objetivo, excesso de custos ou de tempo e degradação.

### 1.4 Objectivos da dissertação

Para ajudar as empresas a criarem um ambiente de produção sustentável, deve existir um quadro flexível e abrangente que ajude as empresas recém-chegadas a esta área a compreenderem a sua situação atual e a encontrarem soluções adequadas, permitindo simultaneamente que estas sejam monitorizadas e melhoradas num comportamento contínuo.

- O Seis Sigma, enquanto ferramenta de resolução de problemas, é amplamente utilizado em vários sectores para alcançar um melhor desempenho numa organização. Fornece um quadro abrangente para a resolução de problemas críticos utilizando uma variedade de ferramentas.
- A combinação do Seis Sigma com o fabrico sustentável pode proporcionar a qualquer organização um quadro sistemático com numerosas ferramentas para introduzir alterações no atual ambiente de fabrico, a fim de atingir os objectivos de

sustentabilidade. Devido à flexibilidade e às diferentes ferramentas que podem ser utilizadas, diferentes empresas podem personalizar a sua própria rotina de execução específica com base nos seus próprios recursos e visão. Não se limita a uma indústria específica e pode ser aplicada a outras se forem fornecidas informações pormenorizadas sobre a indústria.

- A investigação e as práticas de trabalho mencionadas nesta literatura tratam intensamente dos conceitos de produção sustentável e dos métodos de medição que podem ser utilizados para medir o desempenho da sustentabilidade.

- No entanto, para muitas empresas, é necessário compreender como harmonizar estes conceitos e ferramentas distintos para conseguir uma produção sustentável a partir do zero. É necessária uma abordagem sistemática para ajudar as empresas a concretizar a produção sustentável, desde a compreensão até à implementação efectiva.

## 1.5 Organização da dissertação

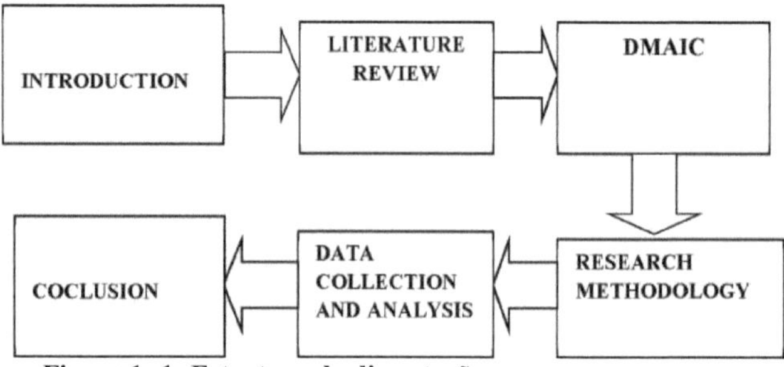


**Figura 1- 1: Estrutura da dissertação**

A Figura 1-1 acima mostra o fluxograma do trabalho de dissertação para a minha tese.

**O capítulo I** introduz o conceito de fabrico sustentável utilizando o conceito Seis Sigma, a melhoria da produtividade para minimizar os desperdícios utilizando a metodologia DMAIC e a inter-relação entre o fabrico sustentável e o DMAIC na organização desta dissertação.

**O Capítulo II** contém uma revisão da literatura sobre o fabrico sustentável utilizando o conceito Seis Sigma. Este capítulo explica essencialmente toda a base de dados de conhecimentos sobre os três pontos principais dos estudos:

1. Revisão da literatura sobre produção sustentável.

2. Revisão da literatura sobre a metodologia Six Sigma.

3. Revisão da literatura sobre o DMAIC.

**O Capítulo III analisa** a definição e a classificação das técnicas de fabrico sustentável e as estratégias Seis Sigma disponíveis para melhorar a produtividade são exploradas nos Capítulos I e II. Seis Sigma é um método sistemático que ajuda as organizações a examinar problemas críticos e a encontrar soluções que podem ser implementadas numa base contínua. Existe consenso suficiente na literatura sobre o Seis Sigma para oferecer os seguintes pormenores adicionais sobre a metodologia Seis Sigma na sua definição: O método Seis Sigma para projectos concluídos inclui como fases Definir, Medir, Analisar, Melhorar e Controlar (DMAIC) para a melhoria do processo de um produto ou linha existente.

**O capítulo IV** aborda a metodologia do projeto e o contexto geral da empresa, a sua gama de produtos, os seus clientes e as suas capacidades de produção. O principal grupo de produtos é constituído por bombas de distribuição e respectivas peças, que representam a maior parte do volume de negócios anual da empresa. Foi efectuado um estudo pormenorizado da atual função de produção da empresa. O Capítulo IV conclui com a seleção deste processo como foco deste projeto de dissertação.

**O capítulo V** descreve a implementação do Seis Sigma com base na metodologia formulada no capítulo III. Foram implementadas várias etapas na organização, em que o DMAIC foi aplicado ao processo de resolução de problemas no fabrico de bombas VE e é também utilizado para melhorar o processo. A metodologia DMAIC para o processo foi explicada neste capítulo através de um estudo de caso.

**O capítulo VI** contém as considerações finais. Mostra os benefícios do método DMAIC e da ferramenta de melhoria para outras empresas de produção, que se caracterizam pelas seguintes características:

1. Processo que poupa tempo.
2. Melhor qualidade.
3. Zero resíduos.

A dissertação conclui que a metodologia de melhoria da produtividade SIX SIGMA é igualmente aplicável às empresas industriais em geral e pode ser utilizada como uma primeira ferramenta para implementar eficazmente um programa de melhoria da produtividade, uma vez que é simples e fácil de implementar e proporciona ganhos imediatos e demonstráveis sem perturbar as operações em curso da empresa.

# Capítulo 2 Revisão da literatura
## 2.1 Introdução

Há duas décadas e meia, Bill Smith, da Motorola, introduziu a metodologia Seis Sigma, cujos princípios e métodos se baseiam na Gestão da Qualidade Total. Desde então, um grande número de empresas adoptou as práticas Seis Sigma (Brady e Allen, 2006).

Linton et al (2007) definem que "o Seis Sigma é um método organizado e sistemático de melhoria estratégica de processos no desenvolvimento de novos produtos e serviços que se baseia em métodos estatísticos e no método científico para reduzir drasticamente as taxas de defeito definidas pelo cliente". Embora o Seis Sigma esteja associado a uma infinidade de ferramentas estatísticas, como a análise fatorial, a elaboração de gráficos de controlo estatístico, etc., Brady e Allen (2006) afirmam que o Seis Sigma é um método de melhoria estratégica dos processos de desenvolvimento de novos produtos e serviços. Brady e Allen (2006) afirmam que os profissionais que aplicam o Seis Sigma podem e devem beneficiar da aplicação de métodos estatísticos sem a ajuda de peritos em estatística. Por conseguinte, o Seis Sigma é uma abordagem sistemática que ajuda as organizações a examinar os problemas críticos e a encontrar soluções para uma aplicação contínua. A literatura foi categorizada com base nestas três categorias, que são também brevemente discutidas nas secções seguintes do presente capítulo.

- **Revisão da literatura sobre produção sustentável:** Foi explicado por que razão uma organização necessita de uma produção sustentável.
- **Revisão da literatura sobre o Seis Sigma:** O Seis Sigma também trouxe grandes poupanças de custos e benefícios a organizações muito pequenas. Além disso, Bonn e Fisher (2007) sugerem que as organizações adoptem uma nova onda de Seis Sigma conhecida como Fit Sigma. A filosofia Fit Sigma consiste na adaptação da abordagem Seis Sigma às necessidades de uma empresa, a fim de manter o desempenho e a aptidão organizacional.
- **Revisão da literatura sobre DMAIC: O** modelo DMAIC é um método sistemático para analisar e melhorar os processos empresariais. O DMAIC é uma estratégia de qualidade baseada em dados, utilizada para melhorar os processos. É parte integrante de uma iniciativa Seis Sigma, mas pode geralmente ser utilizado como um método autónomo de melhoria da qualidade (Salonen e Deleryd, 2007) ou como parte de

outras iniciativas de melhoria de processos.

## 2.2 Produção sustentável

De acordo com a WCED (1987), o desenvolvimento sustentável é o desenvolvimento que satisfaz as necessidades do presente sem comprometer a capacidade das gerações futuras de satisfazerem as suas próprias necessidades. Esta declaração fez da sustentabilidade um conceito desconhecido e uma ideia que os países e as organizações estavam dispostos a adotar. Com o tempo, o foco da sustentabilidade começou a evoluir para o que é a sustentabilidade e como pode ser incorporada numa escala maior. Nos conceitos mais comuns, a sustentabilidade divide-se em três áreas principais: Económica, Social e Ambiental. Várias empresas e organizações mudaram recentemente a forma de apresentar relatórios, passando de uma perspetiva puramente financeira para uma que fornece às partes interessadas informações sobre o empenhamento da empresa em todas as áreas da sustentabilidade. Esta abordagem é frequentemente designada por "triple bottom line" (Wang e Lin, 2007). A crescente importância da sustentabilidade para as empresas levou várias grandes empresas, como a Weyerhae User Company, a The Boeing Company, a Price Water House Coopers, a The Procter & Gamble Company, a Sony Corporation e a Toyota Motor Corporation a juntarem-se a outras para formar o World Business Council for Sustainable Development (Jackson et al., 2011). O foco principal deste conselho é a mudança das estruturas governamentais, das condições económicas e de outros aspectos do comportamento empresarial e pessoal.

## 2.2.1 Desenvolvimento sustentável das empresas nos sectores da indústria transformadora e dos serviços

As empresas estão sob pressão crescente para pensarem seriamente no desenvolvimento sustentável das suas práticas empresariais, tanto no sector da produção como no dos serviços. A pressão para promover práticas empresariais sustentáveis vem tanto do exterior (regras e regulamentos governamentais, organizações com e sem fins lucrativos) como do interior (objectivos estratégicos, visão da gestão de topo, segurança e bem-estar dos trabalhadores, redução de custos, produtividade e qualidade). Muitas organizações em todo o mundo incorporaram a responsabilidade empresarial, económica, social e ambiental nos seus planos e acções estratégicos. Está em curso uma espécie de revolução para enfrentar os desafios da produção e do consumo sustentáveis neste século (Barber,

2007). Entre 1970 e 1990, o ritmo de consumo de recursos e o crescimento industrial aumentaram a consciencialização e a preocupação do público em relação ao impacto ambiental e social do fracasso da industrialização: a catástrofe ambiental é vista como realmente é (Barber, 2007). Chegou a altura de deixar de ver a sustentabilidade como uma estratégia extravagante e começar a vê-la como uma realidade cujos resultados apoiam a competitividade das empresas. A sustentabilidade tem a ver com a construção de uma sociedade em que se encontra um equilíbrio adequado entre os objectivos económicos, sociais e ambientais. Para as empresas, trata-se de manter e expandir o crescimento económico, o valor para os accionistas, o prestígio, a reputação da empresa, as relações com os clientes e a qualidade dos produtos e serviços (Szekely e Knirsch, 2005). Clark (2007) sugere que uma economia pode ser sustentada através do consumo sustentável, que inclui produtos e processos industriais sustentáveis. De acordo com Clark (2007), as estratégias orientadas para os processos podem reduzir eficazmente os impactos ambientais associados à conceção e fabrico dos produtos. No entanto, Clark não aborda os impactos ambientais associados à conceção, seleção, utilização e eliminação dos produtos pelos consumidores. Isto significa que os impactos ambientais devem ser considerados ao longo de todo o ciclo de vida de um produto. Identificar as causas dos problemas ambientais e de sustentabilidade e o seu impacto na sociedade é talvez a melhor abordagem para desenvolver uma estratégia de produção e de serviços sustentáveis. Os conceitos de sustentabilidade ajudam as empresas a reduzir riscos, evitar desperdícios, aumentar a eficiência dos materiais e da energia e inovar através do desenvolvimento de novos produtos e serviços amigos do ambiente. Trata-se de um processo em que as empresas integram os seus objectivos económicos, sociais e ambientais nas suas estratégias empresariais e optimizam o equilíbrio entre estas três dimensões (Szekely e Knirsch, 2005).


## 2.2.2 Produção verde

A produção ecológica consiste em cumprir os objectivos ambientais, económicos e sociais da sustentabilidade no sector da produção. Reduzir as emissões poluentes, evitar o desperdício de recursos e reciclar são exemplos de actividades de produção ecológica sustentável (Deif, 2011).

A importância da produção amiga do ambiente foi brevemente explicada nos artigos seguintes:

- Kumar et al. (1998) salientam a importância da produtividade verde para a competitividade. Definiram a produtividade verde como todas as actividades destinadas a reduzir os resíduos. Apresentaram vários estudos de casos com diferentes práticas de eliminação de resíduos para ilustrar o potencial da produtividade verde para o desempenho global da indústria transformadora.
- Naderi (1996) demonstrou que a produção ecológica está intimamente ligada à gestão de resíduos através da eliminação de factores causais.
- Jovane et al (2003) apresentaram a produção sustentável e respeitadora do ambiente como um paradigma futuro com um modelo empresarial baseado na conceção ecológica, utilizando novas tecnologias nano/bio/materiais. Sublinharam que o novo paradigma irá satisfazer a procura dos clientes de produtos mais respeitadores do ambiente.
- Wang e Lin (2007) propuseram um quadro geral triplo para acompanhar e classificar a informação sobre sustentabilidade a nível empresarial, utilizando um sistema de índice de sustentabilidade.

- Burk e Goughran (2007) apresentaram um novo quadro para a sustentabilidade, a fim de concretizar a produção ecológica.
- Mefford (2011) compilou várias ferramentas analíticas que surgiram da investigação sobre a conceção de produtos/processos para uma produção amiga do ambiente. Exemplos destas ferramentas são a análise do ciclo de vida (LCA), a conceção para compatibilidade ambiental (DFE), os métodos de rastreio e as análises de risco.
- Hui et al. (2002) propuseram um modelo para avaliar os riscos ambientais na indústria transformadora. No seu modelo, foi utilizado o método analítico de rede para analisar o potencial de cada categoria de impacte gerado por diferentes tipos de resíduos nos processos de produção. Além disso, foi utilizada a teoria dos conjuntos difusos para determinar um fator de ponderação difuso numérico para cada categoria de impacto que contribui para o impacto ambiental potencial total no ecossistema. O modelo foi limitado aos riscos para a saúde ambiental. Para realizar uma produção amiga do ambiente ao nível da máquina,
- Montogomery et al (2010) propuseram uma ferramenta de análise do sistema de valor ambiental para avaliar o desempenho ambiental do processamento de semicondutores. A ferramenta desenvolve avaliações ambientais através de uma abordagem de análise "ascendente" em que os modelos ambientais das instalações são reunidos para descrever um sistema.

Já foram propostas várias ferramentas e modelos analíticos. O quadro baseou-se em estudos de PME fabricantes que obtiveram a certificação ISO 14001 (Deif, 2011). Mcclusky (2001) propôs uma ferramenta MRP verde. Esta ferramenta é essencialmente um sistema tradicional de planeamento das necessidades de materiais modificado para incluir considerações ambientais ao converter o plano de produção principal nos vários planos de componentes. Através desta inclusão, o Green MRP resolve o problema da minimização do impacto ambiental da gestão dos resíduos industriais, identificando potenciais problemas ambientais e de planeamento de componentes. A limpeza e a redução de rebarbas, que são também aspectos do fabrico ecológico ao nível da máquina, foram exploradas em vários trabalhos de investigação sobre máquinas-ferramentas como objectivos de otimização adicionais nas suas tentativas de melhorar o desempenho das máquinas-ferramentas. Um exemplo deste tipo de trabalho foi apresentado por Avila et al. (2006) na indústria aeroespacial.


## 2.3 Seis Sigma

A letra grega Z é utilizada para sigma, que indica a variabilidade de um processo ou operação. Um nível de qualidade sigma indica a frequência com que os defeitos são susceptíveis de ocorrer e, quanto mais elevado for o nível de qualidade Seis Sigma, menor é a probabilidade de o processo produzir defeitos (Hui et al., 2002). Os objectivos do Seis Sigma consistem em identificar e eliminar as não conformidades, os defeitos e reduzir o desperdício em todos os serviços e produtos, através da utilização disciplinada de dados, análises estatísticas e raciocínio processual. Quando corretamente implementado, o nível de qualidade Seis Sigma é equivalente a 3,4 defeitos por milhão de oportunidades (DPMO) e pode ser representado como 3,4 DPMO (o pressuposto de normalidade do processo deve ser cumprido, sendo permitido um desvio de até $\pm\pounds1,5$ para a média do processo).

Em termos simples, os objectivos mais importantes do Six Sigma são os seguintes
* melhorar a satisfação do cliente;
* reduzir os custos;
* reduzir o tempo de ciclo; e
* Aumento das margens de lucro.

Existe consenso suficiente na literatura sobre o método Seis Sigma para fornecer as seguintes informações adicionais sobre o método Seis Sigma na sua definição: O método Seis Sigma para a execução de projectos inclui como fases Definir, Medir, Analisar, Melhorar e Controlar (DMAIC) para a melhoria de processos ou Definir, Medir, Analisar, Desenhar e Verificar (DMADV) para o desenvolvimento de novos produtos e serviços (Brady e Allen, 2006; Goldstein, 2001).

A Tabela 2-1 resume as estratégias e ferramentas que são frequentemente utilizadas na indústria real

Quadro 2-1: Estratégias e ferramentas Six Sigma

| Six Sigma Business Strategies & Principles | Six Sigma Tools & Techniques |
|---|---|
| <ul><li>Project management</li><li>Data-based decision making</li><li>Knowledge discovery</li><li>Process control planning</li><li>Data collection tools and techniques</li><li>Variability reduction</li><li>Belt system (Master, Black, Green, Yellow)</li><li>DMAIC process</li><li>Change management tools</li><li>Variability reduction</li></ul> | <ul><li>Statistical process control</li><li>Process capability analysis</li><li>Measurement system analysis</li><li>Design of experiments</li><li>Robust design</li><li>Quality function deployment</li><li>Failure mode and effects analysis</li><li>Regression analysis</li><li>Analysis of means and variances</li><li>Quality function deployment</li><li>Hypothesis testing</li><li>Root cause analysis</li><li>Process mapping</li></ul> |

## 2.4 Seis Sigma e sustentabilidade

O método Six Sigma é uma abordagem de gestão orientada para projectos que visa melhorar os produtos, serviços e processos de uma empresa, reduzindo continuamente os erros na organização. Trata-se de uma estratégia empresarial que se centra na melhoria das exigências dos clientes e na compreensão das necessidades, nos processos do sistema empresarial, na produtividade e no desempenho financeiro. A aplicação dos métodos Seis Sigma remonta a meados dos anos 80 e permitiu a muitas organizações manter a sua vantagem competitiva, combinando o seu conhecimento do processo com a estatística, a engenharia e a gestão de projectos (Anbari, 2002).

A sustentabilidade é e continua a ser uma questão fundamental para as gerações actuais e futuras. O pressuposto atual de que os recursos naturais são infinitos e de que a capacidade de regeneração do ambiente pode compensar toda a atividade humana já não é aceitável. Por conseguinte, as questões de sustentabilidade afectarão todos os aspectos organizacionais da vida humana, a nível económico, político, social e ambiental. A razão para tal é simples: até agora, toda a atividade humana se baseou no paradigma dos recursos ilimitados e da capacidade regenerativa ilimitada do mundo; a partir de agora, a consciência de que este pressuposto já não se mantém significa que todos os modelos comportamentais associados têm de ser alterados. Trata-se de um objetivo impressionante que abrange todas as áreas da cultura, da economia, da tecnologia e muito mais. A concretização deste objetivo exigirá um esforço contínuo e um período de tempo razoável. Felizmente, a natureza e o ambiente são capazes de se auto-regular e darão aos seres humanos uma oportunidade de recuperar dos danos que infligem à Mãe Terra, desde que a vontade de o fazer esteja firmemente ancorada. A indústria transformadora, enquanto principal pilar dos estilos de vida civilizados, será fortemente afetada pelas questões da sustentabilidade e desempenhará um papel importante na criação de uma via sustentável para o futuro. Atualmente, quase todos os modelos de fabrico se baseiam no velho paradigma. A tecnologia em que a indústria transformadora se baseia em grande parte, juntamente com a cultura e as empresas, deve fornecer os instrumentos e as opções para o desenvolvimento de novas soluções para uma abordagem sustentável da indústria transformadora. Em geral, as novas tecnologias, os novos modelos empresariais e os novos estilos de vida serão as pedras angulares do novo mundo sustentável, e isto é especialmente verdade para o sector da indústria transformadora. O sector industrial será afetado por restrições e requisitos impressionantes na via da sustentabilidade.

## 2.5 Sustentabilidade alcançada através do Six Sigma

As organizações multinacionais têm utilizado o Seis Sigma para uma variedade de fins, sendo o principal objetivo alcançar a sustentabilidade financeira e social através da melhoria dos processos e dos fluxos de trabalho (Pintellon et al., 2006). No entanto, o sucesso financeiro é alcançado através de processos e técnicas multidimensionais de melhoria da qualidade (Pereira, 2007).

A General Motors reduziu os seus custos de eliminação de resíduos em 12 milhões de dólares ao utilizar o sistema Kanban, uma parte integrante do Six Sigma. Do mesmo modo, a oficina de pintura do C-130 na Base Aérea de Robins reduziu os custos de ferramentas, materiais e equipamentos em 39% e 373 800 dólares em custos operacionais directos (Reynard, 2007). A 3M foi uma das poucas empresas a começar a implementar o Seis Sigma. A 3M mudou para o Lean Six Sigma com o objetivo de alcançar a estabilidade ambiental e social. A empresa é pioneira na utilização de métodos e ferramentas Lean Six Sigma para melhorar as operações e a qualidade. Na primeira fase, a empresa formou os seus 100.000 funcionários em Seis Sigma para alcançar a sustentabilidade operacional. A 3M alcançou resultados multifacetados, tais como a melhoria da eficiência energética de 20% para 27% e a redução do índice de resíduos em percentagem das vendas líquidas de 25% para 30%. Todos estes resultados têm como objetivo a sustentabilidade ambiental e operacional (Paulk et al., 1993). Até 2005, as poupanças resultantes do projeto Lean Six Sigma totalizaram mil milhões de dólares, graças à redução da poluição, à melhoria dos fluxos de trabalho, à remodelação dos equipamentos, à maior coerência dos processos e à reformulação dos produtos.

Hellstorm et al (2007) também afirmam que as organizações implementam o Seis Sigma para promover a inovação. Os primeiros cinco anos de Lean Six Sigma ajudaram muitas empresas a melhorar os seus resultados, como a Caterpillar. Mccarty e Fisher (2007) também citam a Caterpillar como um vencedor do Seis Sigma. Em setembro de 2004, a Caterpillar era uma empresa de 20 mil milhões de dólares e tinha estabelecido o objetivo de aumentar as receitas em 10 mil milhões de dólares nos primeiros dez anos após a implementação do Lean Six Sigma. Weber et al (2004) contrasta com Byrne (2007) no contexto em que a Caterpillar pretendia alcançar a sustentabilidade da inovação. De acordo com Snee (2004), a Caterpillar concentrou-se em alcançar a estabilidade financeira. A direção de topo da empresa sublinhou que a direção da Caterpillar, tal como o CEO, afirmou que o Seis Sigma desempenhou um papel importante no aumento das vendas da Caterpillar. O Seis Sigma também está a impulsionar a cultura de melhoria contínua na empresa e a empresa está a ganhar eficiência em todos os aspectos (Weber et al., 2004).

Hilton (2008) cita várias empresas, como a Motorola, a General Electric, a Dell Computer, a Dow Chemicals, a Wal-Mart e a Honeywell, que implementaram o Seis Sigma e obtiveram resultados mensuráveis. A General Electric poupou 8 mil milhões de dólares no espaço de três anos após a implementação do Seis Sigma, e a Wall-Mart espera poupar mil milhões de dólares através do Seis Sigma (Leahy, 2000).

## 2.6 Âmbito dos trabalhos

O Seis Sigma centra-se na redução de defeitos para melhorar a qualidade e a consistência dos produtos, o que se enquadra no objetivo da produção sustentável de reduzir os resíduos. Se a taxa de defeitos numa linha de produção for muito elevada, os produtos defeituosos são geralmente eliminados num aterro, se não puderem ser reciclados. Ao limitar os defeitos para melhorar a eficiência do processo de produção, a abordagem Seis Sigma pode melhorar o impacto sustentável de uma organização, reduzindo os defeitos e o desperdício de recursos. As análises Seis Sigma também podem revelar desperdícios em todo o processo de produção. Ao monitorizar os dois valores, o equipamento pode ser ajustado para reduzir tanto o consumo de energia como as taxas de erro. O Seis Sigma também pode ser aplicado diretamente aos conceitos de produção sustentável. Ao reconhecerem que todos os recursos e emissões que saem das instalações de produção são produtos, as empresas podem identificar os impactos ambientais negativos que não cumprem as normas legais como "defeitos" que precisam de ser reduzidos para limitar os custos operacionais e melhorar a eficiência e a qualidade da produção. Ao utilizar a abordagem estatística utilizada para avaliar os produtos convencionais, as empresas Six Sigma podem monitorizar a qualidade ambiental dos seus processos de produção para melhorar as características sustentáveis do produto e evitar acções regulamentares. Uma vez que o Seis Sigma é gerido e implementado por uma pequena equipa de especialistas que se ocupa especificamente das questões da linha de produção, os trabalhadores não são envolvidos nos processos de melhoria. Este ambiente exclusivo é o mais afastado da abordagem da sustentabilidade social, tanto dentro como fora da organização. Uma organização que utilize o Seis Sigma terá de adotar outras medidas para abordar as questões sociais.

# Capítulo 3 Ferramentas Six Sigma

## 3.1 Introdução

O Six Sigma oferece uma abordagem estruturada para a resolução de problemas. Como já foi mencionado, a abordagem consiste em cinco fases ou etapas: Definir, Medir, Analisar, Melhorar e Controlar (DMAIC). A abordagem DMAIC é geral e aplicável em todos os ambientes. Os diferentes sectores podem utilizar determinadas ferramentas mais do que outras, mas a fase DMAIC permanece sempre válida. A força do processo de resolução de problemas DMAIC reside na sua simplicidade e clareza. Cada fase tem objectivos, acções e resultados claros.

## 3.2 Ferramentas básicas

- **Carta de controlo** - Monitoriza o desvio de um processo ao longo do tempo e alerta a organização para desvios inesperados que possam conduzir a erros.
- **Medição de defeitos** - Registo do número ou da frequência de defeitos que conduzem a uma perda de qualidade dos produtos ou serviços.
- **Gráfico de Pareto** - Centra-se nos esforços ou problemas que têm maior potencial de melhoria, visualizando a frequência relativa e/ou a magnitude num gráfico de barras descendente. Baseado no comprovado princípio de Pareto: 20% das causas provocam 80% de todos os problemas.
- **Mapeamento de processos** - Descrição ilustrada de fluxos de trabalho que permite aos participantes visualizar todo um processo e identificar os pontos fortes e fracos. Ajuda a reduzir os tempos de ciclo e os erros, reconhecendo simultaneamente o valor dos contributos individuais.
- **Análise da causa raiz** - Investigação da razão original da não-conformidade de um processo. Se a causa raiz for eliminada ou corrigida, a não-conformidade é eliminada.
- **Controlo estatístico do processo** - A aplicação de métodos estatísticos para analisar dados, investigar e monitorizar a capacidade e o desempenho do processo.

## 3.3 Processo DMAIC

O modelo DMAIC é um método sistemático para analisar e melhorar os processos empresariais. O DMAIC é uma estratégia de qualidade baseada em dados, utilizada para melhorar os processos. É parte integrante de uma iniciativa Seis Sigma, mas pode geralmente ser implementado como um processo autónomo de melhoria da qualidade ou como parte de outras iniciativas de melhoria de processos (Voelkl et al., 2002). Consiste em cinco fases:

### 3.3.1 Definir

A fase de definição centra-se apenas no problema - as causas e as soluções vêm mais tarde. A fase de definição consiste em assegurar que todos os principais intervenientes têm um entendimento comum do problema a resolver, dos objectivos SMART a atingir (S: específico, M: mensurável, A: realizável, R: relevante, T: limitado no tempo) e do âmbito global do projeto, antes de passar ao mapeamento e medição detalhados do processo (ver Figura 3-1).

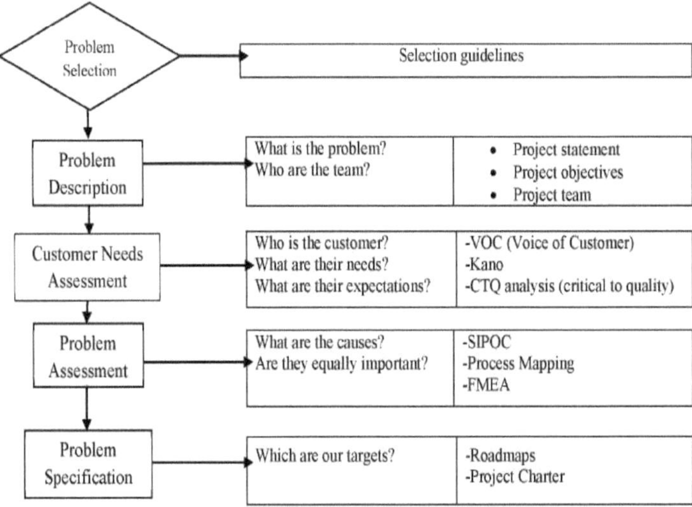


**Figura 3- 1:** A fase de definição

### 3.3.2 Medida

A fase de medição tem como objetivo estabelecer uma base para o desempenho do processo (uma linha de base) através do desenvolvimento de sistemas de medição claros e significativos. A fase de medição baseia-se nos dados existentes (e introduz novas recolhas de dados e medições, se for caso disso) para compreender plenamente o "comportamento" histórico do processo (ver Figura 3-2).

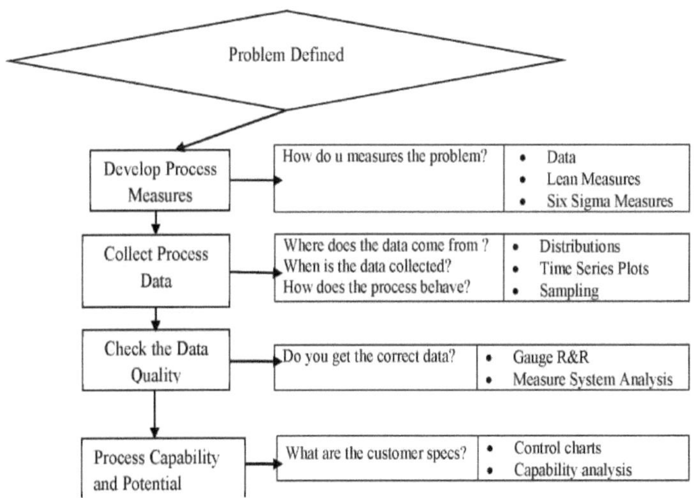


**Figura 3- 2:** Fase de medição

### 3.3.3 Análise

O objetivo da fase de análise é compreender o funcionamento real dos processos, determinar as causas das variações dos processos e confirmar essas causas utilizando ferramentas de análise de dados adequadas. O principal problema é clarificar a questão da hipótese a ser respondida pela análise (ver Figura 3-3).

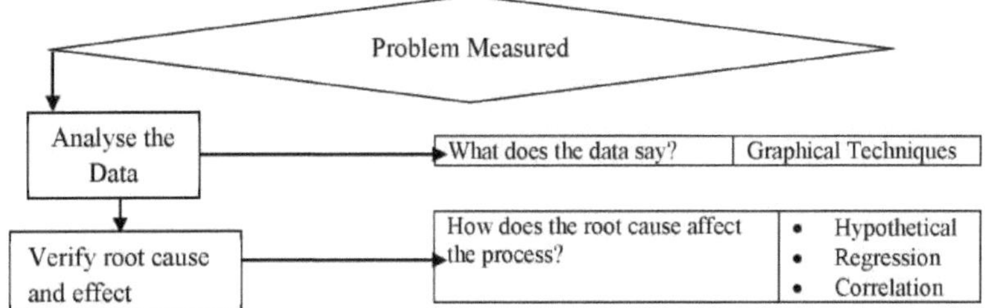


**Figura 3- 3:** Fase de análise

### 3.3.4 Melhorar

Com base numa compreensão clara das causas do problema, é necessário implementar várias soluções de melhoria e avaliar a forma como estas resolvem o problema identificado na fase anterior. A melhor solução deve ser testada quanto à sua eficácia (teste-piloto) (ver Figura 3-4).

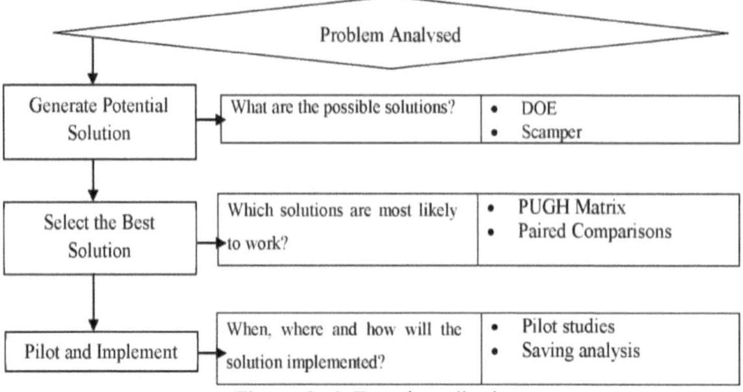


**Figura 3- 4:** Fase de melhoria

### 3.3.5 Controlo

A fase de controlo deve garantir que as melhorias alcançadas são sustentáveis a longo prazo. Naturalmente, é necessário utilizar a gestão visual para comunicar os resultados do projeto. Também seria útil aplicar as lições aprendidas num determinado projeto a diferentes áreas de uma organização através de uma gestão do conhecimento adequada.

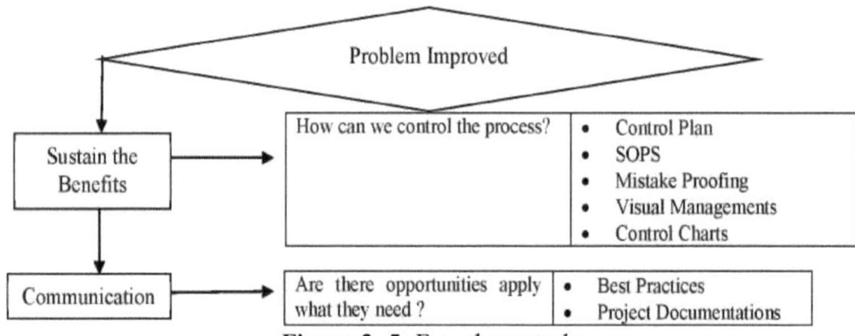


**Figura 3- 5:** Fase de controlo

### 3.4 Processo DMADV

Quando é que o DMADV deve ser utilizado? O método DMADV deve ser utilizado em vez do método DMAIC se: um produto ou um processo ainda não existe na sua empresa e está a ser desenvolvido um produto ou um processo existente já foi optimizado (quer por

A aplicação do DMADV é utilizada quando um cliente solicita uma melhoria do produto, a sua personalização ou a criação de um produto ou serviço completamente novo (Stuteville e Ikerd, 2009). A aplicação destes métodos tem como objetivo criar um produto de alta qualidade, tendo em conta os requisitos do cliente em todas as fases do jogo. Consiste em cinco fases

- **Fase de definição: Os** gestores de projeto identificam os desejos e as necessidades que são considerados mais importantes pelos clientes. Os desejos e as necessidades são identificados através de informações históricas, do feedback dos clientes e de outras fontes de informação. As equipas são reunidas para fazer avançar o processo. As métricas e outros testes são desenvolvidos em coordenação com as informações dos clientes.
- **Fase de medição:** A segunda parte do processo consiste na recolha de dados utilizando as métricas definidas e registando as especificações para que possam ser utilizadas para controlar o resto do processo. A todos os processos necessários para produzir com sucesso o produto ou serviço são atribuídas métricas para avaliação posterior. As equipas tecnológicas testam as métricas e depois aplicam-nas.
- **Fase de análise:** O resultado do processo de fabrico (ou seja, o produto ou serviço acabado) é testado por equipas internas para criar uma base de referência para a melhoria. Os gestores utilizam os dados para identificar áreas onde os processos precisam de ser ajustados para melhorar a qualidade ou o processo de fabrico de um produto ou serviço final. As equipas determinam os processos finais e fazem os ajustes necessários.
- **Fase de projeto:** Os resultados dos testes internos são comparados com os desejos e requisitos do cliente. São efectuados os ajustes adicionais necessários. O processo de fabrico melhorado é testado e os grupos de teste de clientes dão feedback antes de o produto ou serviço final ser lançado numa base alargada.
- **Fase de revisão:** A fase final da metodologia é contínua. À medida que o produto ou serviço é lançado e as opiniões dos clientes chegam, os processos podem ser

ajustados. (a) As métricas são desenvolvidas para acompanhar o feedback contínuo dos clientes sobre o produto ou serviço. (b) Novos dados podem levar a outras alterações que precisam de ser abordadas, pelo que o processo inicial pode levar a novas aplicações do DMADV em áreas subsequentes. As aplicações destes métodos são geralmente implementadas ao longo de muitos meses ou mesmo anos. O resultado final é um produto ou serviço totalmente adaptado às expectativas, desejos e necessidades do cliente.

## 3.5 DMAIC VS DMADV

A Tabela 2-2 abaixo lista as poucas diferenças entre os processos básicos DMAIC e DMADV:

Tabela 3- 1: Diferença entre DMAIC e DMADV

| DMAIC | DMADV |
|---|---|
| Define-Determine Project Objectives, Scope, Resources, Constraints, Etc. | Define-Similar |
| Measure-Determine CTQ's, Gage R&R, Obtain Data To Quantify Process Performance | Similar Measure-Determine CTQ's, Gage R&R |
| Analyze-Analyze Data To Identify Root Causes Of Defects | Analyze-Develop Design Concepts, And High-Level Design |
| Improve-Intervene In The Process To Improve Performance | Design-Develop Detailed Design, And Control Plan |
| Control-Implement A Control System To Maintain Performance Over Time | Verify-Test Design With Pilot, Full Scale Implementation |

### 3.6 Instrumentos e métodos de gestão da qualidade

Nas fases individuais de um projeto DMAIC ou DMADV, o Six Sigma utiliza muitas ferramentas de gestão da qualidade estabelecidas que também são utilizadas fora do Six Sigma. As classificações seguintes fornecem uma visão geral dos métodos mais importantes utilizados nesta categoria.

- 5 razões
- Estatísticas e ferramentas de personalização

  > Análise de variância
  > Modelo linear geral
  > Dispositivo de medição ANOVA R&R
  > Análise de regressão

> Correlação

> Diagrama de dispersão

> Teste do qui-quadrado

- Conceção axiomática

- Mapeamento/lista de verificação do processo empresarial

- Diagrama causa-efeito (também conhecido como espinha de peixe ou diagrama de Ishikawa)

- Mapa de regras/plano de regras (também conhecido como mapa da raia de natação)/mapas de corrida

- Análise custo-benefício

- Árvore CTQ

- Conceção experimental/estratificação

- Histogramas/Análise de Pareto/Diagrama de Pareto

- Mesa de extração/capacidade de processo/capacidade de produção de rolos

- Utilização de funções de qualidade (QFD)

- Investigação quantitativa de marketing através da utilização de sistemas de gestão de feedback empresarial (EFM)

- Analisar a causa principal

- Análise SIPOC (fornecedores, entradas, processos, saídas, clientes)

- Análise COPIS (versão/perspetiva do SIPOC centrada no cliente)

- Métodos de Taguchi/Função de perda de Taguchi

- Mapeamento do fluxo de valor


### 3.7 Vantagens da implementação do Six Sigma

Desde a introdução do Seis Sigma na Motorola, o Seis Sigma foi implementado numa série de indústrias. Os resultados financeiros bem sucedidos incentivaram várias organizações a adotar a iniciativa Seis Sigma (Thampapillai, 2010; Tomkins, 1997). O quadro 3-1 resume os benefícios registados na indústria transformadora.

**Quadro 3- 2:** Relatórios sobre os benefícios do Six Sigma na indústria transformadora

| Company/project | Metric/measures | Benefit/savings |
| --- | --- | --- |
| Motorola | In-process defect levels | 150 times reduction |
| Raytheon/aircraft integration systems | Depot maintenance inspection time | Reduced 88% as measured in days |
| GE/Railcar leasing business | Turnaround time at repair shops | 62% reduction |
| Allied signal (Honeywell)/ laminates plant in South Carolina | Capacity Cycle time Inventory On-time delivery | Increased to near 100% |
| Allied signal (Honeywell) /bendix IQ brake pads | Concept-to-shipment cycle time | Reduced from 18 months to 8 months |
| Hughes aircraft's missiles systems group/wave soldering operations | Quality/productivity | Improved 1,000%/Improved 500% |
| General electric | Financial | $2 billion in 1999 |
| Motorola | Financial | $15 billion over 11 years |
| Dow chemical/rail delivery project | Financial | Savings of $2.45 million in capital expenditures |
| DuPont/Yerkes plant in New York | Financial | Savings of more than $25 million |
| Telefonica de espana | Financial | Savings and increases in revenue 30 million euro in the first 10 months |
| Texas instruments | Financial | $600 million |
| Johnson and Johnson | Financial | $500 million |
| Honeywell | Financial | $1.2 billion |

## 3.8 Conclusão

Muitos projectos relacionados com o desenvolvimento da sustentabilidade foram levados a cabo utilizando a abordagem Six Sigma. A Enthone é um dos principais fornecedores mundiais de especialidades químicas e revestimentos de elevado desempenho. A Enthone (2013) apresentou bons exemplos da aplicação do Seis Sigma no desenvolvimento da sustentabilidade. O projeto de redução das embalagens de plástico resultou numa redução de 20 por cento das embalagens de plástico, ao mesmo tempo que proporcionou benefícios ambientais. Além disso, o projeto de redução do consumo de energia conduziu a poupanças de custos anuais significativas, principalmente através da consolidação da produção em lotes maiores. Isto resultou num menor tratamento de resíduos e numa redução de 10% no consumo de energia. Além disso, como pioneira na prevenção da poluição empresarial, a 3M implementou o desenvolvimento da sustentabilidade utilizando o Lean Six Sigma.

Outra técnica muito discutida é o Lean Six Sigma. Evolui do Seis Sigma com a estrutura DMAIC, mas também incorpora conceitos verdes (Park, et al., 2008). Embora tenha sido implementado em várias organizações, o foco do Lean Six Sigma é principalmente a redução do desperdício e do impacto ambiental. Não se concentra no impacto social, que está a tornar-se cada vez mais importante nos países em desenvolvimento, especialmente na Ásia e na América Latina, os centros da atividade industrial.

# Capítulo 4 Metodologia da investigação

## 4.1 Perfil da empresa

Jaipur é a quarta localização da Motors Industries Company Ltd. e foi inaugurada em 1999 com uma unidade de produção de ponta para FIPs. A empresa com certificação TS16949 é um oásis tecnológico no estado em desenvolvimento de Rajasthan. A fábrica de Jaipur produz bombas VE (bombas mecânicas) para os mercados nacional e de exportação. A bomba VE (bomba de injeção de combustível do distribuidor) está em conformidade com as normas de emissão Bharat Stage II e Euro II. Estas bombas são utilizadas em veículos com 3-6 cilindros.

## 4.2 Produtos importantes

O quadro 4-1 abaixo mostra os produtos fornecidos pela indústria que são muito úteis para o fabrico de bombas VE.

**Quadro 4- 1:** Gama de produtos

| Drive Shaft | Drive Shaft forms a part of drive chain in VE Pump. Its threaded end forms the mounting part to the engine. It provides positive drive inside the pump by Drive Shaft claws. The gear is mounted on Drive Shaft for running governor cage. |
|---|---|
| | |
| **Roller ring** | Roller Ring influences timing of Fuel Delivery. It is provided with a slot which Connect with TD Piston. Due to high pressure at TD Piston, TD Piston moves the roller ring and timing parameters change. |
| | |
| **Cam plate** | |

| | |
|---|---|
|  | Cam Plate forms a part of the Drive Chain mechanism. It controls delivery writ to its Cam Profile & Shim Face. It provides reciprocating movement of plunger due to its cam profile. |
| **Pump Housing** <br>  | Pump Housing is a very critical component & works as a house of all pump components. It facilitates functions like cold starting & also load dependent functions in a pump & enables pump mounting on the engine. |
| **Cross-Disc** <br> 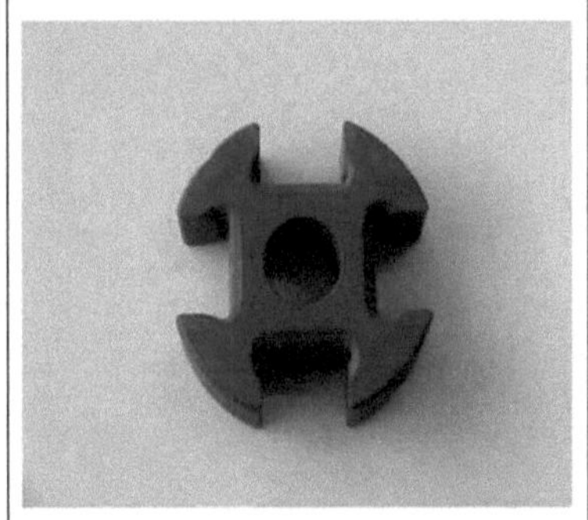 | The Cross-Disc works as a coupling in the VE Pump. It has 4 slots at right angles to each other. It holds the claws of Drive Shaft in 2 slots& Cam Plate in the other 2. In this way it transfers the rotary motion from the Drive Shaft onto the Cam Plate. |
| **Support Ring** <br>  | The basic raw material used in the Support Ring is Steel. It is a cold forged component. The main function of the Support Ring is to |

| | |
|---|---|
| | support the Roller Ring & house the Feed Pump. |
| **Connecting Flange** | Connecting Flange houses the valve bush & delivery valve. The fuel is passed on through the flange to the valve bush. A solenoid is fitted on to the connecting flange to shut off the fuel flow. It also has outlet holes equal to that in the valve bush & they are connected. |
| **Plunger** | It is driven by the cam plate which gives it a rotating& reciprocating movement. Due to this, it develops the pressure required & delivers it through the outlet holes of the valve bush one at a time. |
| **Fulcrum Lever** | The Assembly of the Starting lever, Tensioning Lever & Control Lever forms the Fulcrum Lever. The major function is to determine the quantity of fuel delivery by the Distributor Plunger. |

## 4.3 Bomba VE

VE significa **"injeção do distribuidor" em alemão e "bomba de injeção do distribuidor"** em inglês. A tarefa da bomba de injeção é fornecer uma quantidade de combustível medida com precisão e sob alta pressão ao bico de injeção no momento certo. O injetor injecta o combustível diretamente no cilindro ou numa pré-câmara ligada ao cilindro. As bombas distribuidoras são principalmente utilizadas em automóveis de passageiros, veículos comerciais, tractores agrícolas e motores estacionários. Os pequenos motores a diesel de alta velocidade requerem um sistema de injeção de combustível leve e compacto.

A bomba de injeção do distribuidor cumpre estes requisitos, combinando a bomba de alimentação de combustível, a bomba de alta pressão, o regulador e a unidade de controlo numa unidade compacta. O sistema de injeção fornece a quantidade de combustível necessária para cada curso de potência a alta pressão e numa posição da cambota definida com precisão. O bico injetor pulveriza o combustível atomizado na câmara de combustão. O tempo de injeção é determinado com precisão em função do regime e da carga do motor. A bomba VE é constituída por oito componentes principais, muitos dos quais são fabricados internamente.

- Veio de acionamento
- Anel de rolos
- Caixa da bomba
- Placa de suporte
- Alavanca giratória
- Bomba de alimentação
- Disco de cames
- Cabeça hidráulica

A figura 4-1 mostra a montagem da bomba VE com todas as peças principais.

**Figura 4- 1:** Bomba VE

### 4.4 Trabalho da bomba VE

A bomba divide-se em quatro fases principais. Começa com o pré-fabrico e a pré-montagem de todos os componentes. Algumas peças são importadas ou fornecidas por fornecedores locais na Índia, e outras são fabricadas ou acabadas na fábrica de Jaipur. As peças importadas que podem ser utilizadas diretamente depois de desembaladas e limpas são armazenadas e organizadas na Kardex. As peças acabadas ou pré-montadas internamente, como a caixa, a cabeça, a alavanca de fulcro, a bomba de palhetas, são trazidas da sala de produção para a linha de montagem e também organizadas pela Kardex. Todos os componentes necessários para calibrar a bomba são montados na linha de montagem. Após a 42ª estação de montagem, a bomba é verificada quanto a fugas e limpa através da sua rodagem. O passo seguinte é a calibração de todas as funções ajustáveis. Uma vez ajustada de forma óptima, a bomba é finalizada no departamento de recalibração e embalada para envio ao cliente.

O principal objetivo da bomba do distribuidor é injetar o combustível (gasóleo rápido) no motor em quantidades doseadas com precisão. Para obter o melhor desempenho do motor, a bomba deve cumprir os seguintes requisitos básicos do motor:

- **Quantidade correcta de combustível:** Isto é conseguido através do funcionamento do sistema de regulação. O mecanismo de regulação move o pistão da válvula no coletor em direção à flange de ligação para aumentar o fornecimento de combustível. Isto faz com que a abertura de transbordo do pistão se feche e reduz a fuga para a cavidade da bomba. Para reduzir o fornecimento de combustível, é efectuado o processo inverso.
- **Controlo dinâmico do combustível:** Nos motores de combustão, o pistão move-se para trás e para a frente no cilindro. A posição mais avançada do pistão, na qual o volume fechado entre o pistão e o cilindro é mínimo, é conhecida como ponto morto superior (TDC). A posição traseira mais externa do pistão, na qual o volume fechado entre o pistão e o cilindro é máximo, é designada por ponto morto inferior ou BDC.


## 4.5 Metodologia

Nos capítulos anteriores, reconhecemos a importância da manutenção como um fator crítico na criação de vantagens competitivas. Por conseguinte, foi desenvolvido um estudo de caso sobre o desempenho da manutenção numa empresa de fabrico de automóveis em Jaipur. A nossa investigação faz parte de um projeto mais vasto que está a ser realizado na empresa, relacionado com a implementação de conceitos de desempenho de classe mundial (WCP) em todas as nossas actividades, por exemplo, segurança, produção, manutenção, etc, produção, manutenção, etc.

A nossa investigação é de natureza experimental, uma vez que procurámos descobrir as relações de causa e efeito entre as actividades de manutenção e os diferentes tipos de defeitos. Aplicámos o Seis Sigma, especificamente o método DMAIC, em que cada uma das cinco fases é uma combinação de técnicas qualitativas e quantitativas. A população do estudo é a ocorrência total de defeitos e estabelecemos objectivos a serem alcançados através da implementação de acções de melhoria com base nos resultados. O autor acredita que a nossa investigação irá acrescentar uma abordagem científica à função de manutenção existente na fábrica. Na revisão da literatura, concentrámo-nos em revistas e artigos que são relevantes para o nosso tópico de investigação. Em termos de dados, adoptámos um sistema de recolha de dados primários através de observações e entrevistas individuais, pelo que poderão ter surgido algumas questões éticas em relação aos participantes e ao investigador.

As ferramentas de gestão Seis Sigma estão integradas nestas cinco fases, como mostra a Figura 4-2, e a Figura 4-3 mostra a elevada rejeição da poluição utilizando o diagrama de causa e efeito.

**Figura 4 - 2:** Diferentes fases do DMAIC

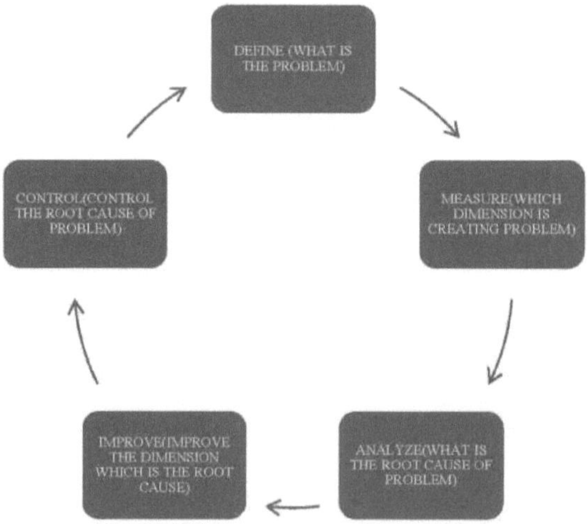

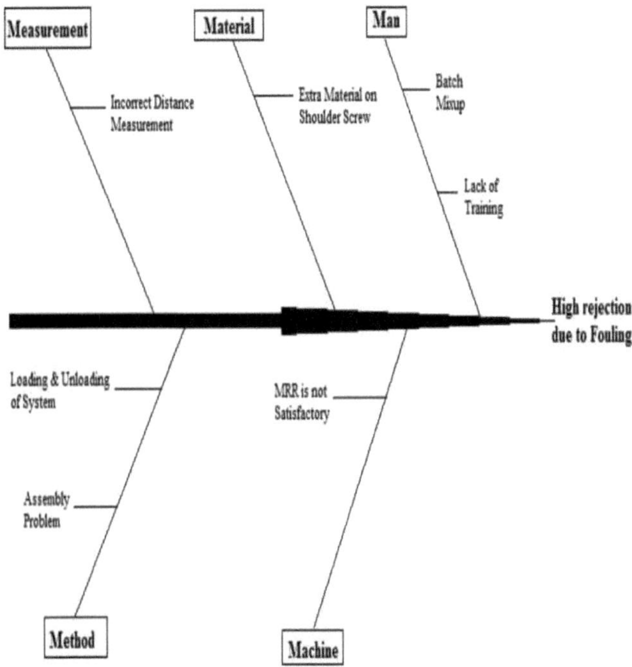


**Figura 4- 3:** Diagrama causa-efeito para o grupo da bomba VE

## 5.1 Antecedentes

Para testar o quadro e ilustrar a forma como este pode ser adaptado a diferentes situações, foi selecionado como estudo de caso um fabricante de automóveis em Jaipur. Esta empresa desenvolve e fabrica principalmente bombas VE. Só recentemente entrou no sector, mas é conhecida pelos seus produtos rentáveis. A empresa ainda se encontra na fase de aquisição de novas tecnologias e de novos clientes, centrando-se no desenvolvimento de novos clientes e na venda de mais produtos para se tornar um interveniente mais forte no sector. Foram desenvolvidos alguns sistemas de gestão da qualidade. No entanto, o sistema ainda está em fase de desenvolvimento. A sustentabilidade como parte da visão da produção optimizada está a ser gradualmente reconhecida pela gestão e pelos trabalhadores directos, embora a compreensão da sustentabilidade e da produção optimizada ainda não seja muito forte na empresa. A Figura 5-1 mostra a estratégia seguida na implementação da abordagem DMAIC neste estudo de caso para alcançar a sustentabilidade na produção automóvel da bomba VE.

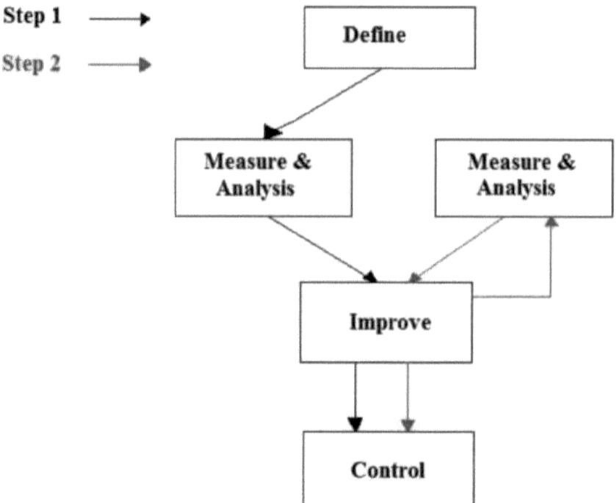


**Figura 5-1:** Estratégia de implementação do DMAIC

A Figura 5-1 mostra o fluxo do DMAIC, em que na etapa 1, após a definição do problema, entra em cena a fase de medição e análise, em que algumas dimensões foram melhoradas, mas o problema não pode ser eliminado, e na etapa 2, algumas outras dimensões também precisam de ser melhoradas depois de estas duas etapas terem sido realizadas para controlar essas dimensões.

## 5.2 Fase 1 Análise do problema

### 5.2.1 Definir

Na fase de definição do DMAIC, são determinados os objectivos da medida de melhoria. Nesta fase, os objectivos de um projeto são normalmente definidos em conjunto com a gestão e é coordenado o que deve ser especificamente investigado durante o período do projeto. Esta etapa do ciclo é necessária para se ter uma definição sólida dos resultados do projeto. Se esta etapa não for cumprida, existe o risco de não ser tida em conta demasiada informação ou de ser tida em conta apenas de forma insuficiente.

- **Problema:** Um fabricante de automóveis que produz uma bomba de distribuição recebeu uma queixa de um cliente sobre uma flutuação frequente da velocidade, conhecida como incrustação. A incrustação significa que pode ser uma peça extra nos parafusos dos ombros ou um aditivo durante a montagem, resultando em flutuações frequentes de velocidade. Assim, o nosso objetivo é encontrar o problema e eliminá-lo utilizando o método Six Sigma.

- **Seleção do problema:** Número da peça selecionada para o estudo

    > Tipo de bomba: **0 460 426 396.**

    > Bomba boa: **Sr. n.º 886 35142**

    > Bomba defeituosa: **Sr. n.º 886 31207**

Outros números de peça semelhantes têm o mesmo problema.

**- Localização do problema e taxa de rejeição:** As fases finais do processo de fabrico em que o problema ocorre são a montagem e a atual taxa média de rejeição nos últimos 6 meses é de 0,6%.

Rejeição máxima e mínima nos últimos 6 meses:

    > Rejeição máxima num mês - 0,84%.

    > Rejeição mínima num mês - 0,68%.

Este problema é resolvido nas duas linhas/prensas/máquinas utilizadas para processar a peça para efeitos de produção.

**- Objetivo do projeto:**

    > Para remover a sujidade da alavanca do ponto de articulação.

    > Aumentar as poupanças anuais através da redução da taxa de erro.

    > Reduzir os resíduos para proteger o nosso ambiente da poluição.

**- Mapeamento do processo:** A Figura 5-2 mostra o mapeamento do processo para o conjunto da bomba VE em a forma como o problema é reconhecido.

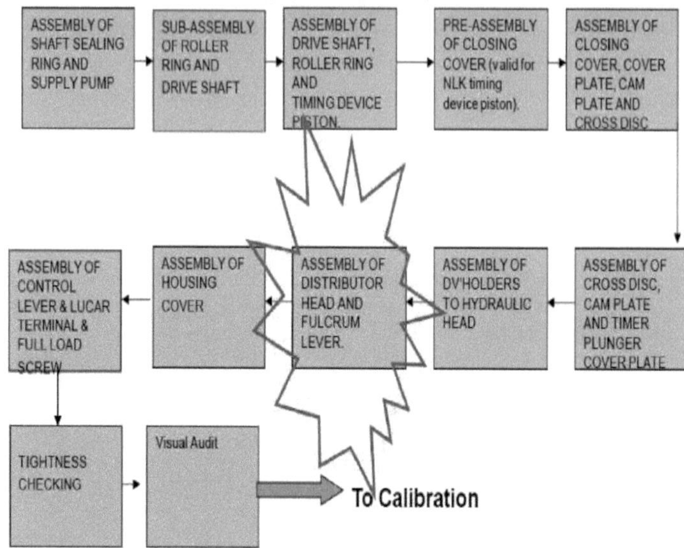



**Figura 5- 2:** Ilustração do processo: montagem da bomba VE

A Figura 5-3 mostra o diagrama de fases para o plano de implementação do DMAIC para o conjunto de redução de falhas mostrado na Tabela 5-1.

**Tabela 5- 1:** Diagrama de fases para a implementação do DMAIC

| Phase | Month-Nov | | | | Month-Dec | | | | Month-Jan | | | |
|---|---|---|---|---|---|---|---|---|---|---|---|---|
| | W1 | W2 | W3 | W4 | W1 | W2 | W3 | W4 | W1 | W2 | W3 | W4 |
| Define | | | ▭ | | | | | | | | | |
| Measure & Analyze | | | | | ▭ | | | | | | | |
| Improve | | | | | | | | ▭ | | | | |
| Control | | | | | | | | | | | ▭ | |

**Figura 5- 3:** Defeitos no grupo da bomba VE

**Análise de Pareto:** Com base nos dados dos últimos 6 meses, foi criada uma análise de Pareto para o conjunto da bomba VE, que é apresentada na Figura 5-4.

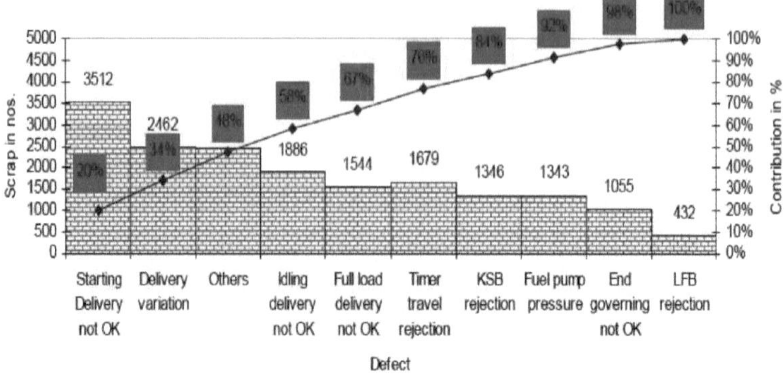


**Figura 5- 4:** Análise de Pareto para os dados dos últimos seis meses

- **Cálculo do COPQ (custo da má qualidade):** O quadro 5-2 apresenta o COPQ para o conjunto e mostra que o custo total da sucata durante um ano é de 96,00,000, o que é demasiado elevado.

**Quadro 5- 2:** Cálculo do COPQ

| | |
|---|---|
| Number of pieces rejected last month (for the part number identified for study) | 87 |
| Number of pieces scrapped last month | 87 |
| Number of pieces reworked last month | NA |
| Scrap cost/piece | 800 Rs. |
| Rework cost/piece | NA |
| Total scrap cost (Rs. Lakhs) for last Month | 8 00 000 Rs. |
| Total rework cost (Rs. Lakhs) for last Month | NA |
| Total Rejection cost (Rs. Lakhs) for last Month | 8 00 000 Rs. |
| Extrapolated Total rejection cost (Rs. Lakhs) for one year) | 96 00 000 Rs. |

### 5.2.2 Medida

Na fase de medição do DMAIC, os sistemas existentes são medidos. Na fase de medição, os dados são recolhidos. Estes dados são depois utilizados para estabelecer uma linha de base global de um sistema e medir o seu desempenho com base nas áreas de melhoria necessárias identificadas na fase de definição.

### 5.2.3 Analisar

Na fase de análise do DMAIC, os dados recolhidos na fase de medição são analisados para eliminar as lacunas entre o sistema atual e o nível de desempenho desejado. Estes dados são analisados em pormenor para identificar as causas profundas dos problemas. Isto pode ser feito utilizando métodos analógicos ou digitais. Muitas vezes, a análise é efectuada através de um sistema informático (digital) para reduzir o tempo de análise. Uma vez identificados os problemas, determina-se se essas causas podem ser melhoradas.

- **Objetivo 1:** Determinar se o processo de montagem ou os componentes são a causa do problema
- **Técnica/ferramenta utilizada:** Pesquisa de componentes modificados

Y = Contaminação da alavanca do ponto de articulação com parafusos de cabeça cilíndrica

X's = componentes ou processo de montagem

A Tabela 5-3 mostra a pesquisa de componentes após algumas alterações, como a montagem e a desmontagem.

**Quadro 5- 3:** Pesquisa de componentes alterados

|  | **Good Pump**<br>**Sr. no. 886 35142** | **Bad**<br>**Sr. no. 886 31207** |
|---|---|---|
| Initial Value | Good | Bad |
| First disassembly and reassembly | Good | Bad |
| Second disassembly and reassembly | Good | Bad |

- **Conclusão: Uma** vez que não há mudança após a montagem e a remontagem, o processo de montagem e o componente substituído (anilha) não são a causa do problema. Outros componentes utilizados no processo de montagem são a causa do problema.
- **Classificação dos outros componentes por importância:** O quadro 5-4 apresenta a classificação dos componentes para a análise do erro.

**Tabela 5- 4:** Lista de classificação de falhas para várias peças de montagem

| **Rank** | **Components** | **Label** |
|---|---|---|
| 1 | Fulcrum lever | A |
| 2 | Shoulder screw | B |
| 3 | Distributor head | C |
| 4 | Pump housing | D |

- **Teste dos componentes:** De acordo com a ordem de classificação definida na Tabela 5-4, os componentes foram testados para determinar as boas ou más condições de montagem (ver Tabela 5-5). A figura 5-5 abaixo mostra os vários componentes a serem testados.

Fulcrum Lever (A)

Pump Housing (B)

Distributor Head (C)

Shoulder Screw (D)

**Figura 5- 5:** Componentes a serem testados

**Quadro 5- 5:** Resultados do ensaio de montagem

| No. | Good Assembly | Result | Bad Assembly | Result |
|---|---|---|---|---|
| 1 | A-R+ | Good | A+R- | Bad |
| 2 | B-R+ | Good | B+R- | Bad |
| 3 | C-R+ | Good | C+R- | Good |
| 4 | D-R+ | Bad | D+R- | Good |

- **Objetivo 2: Descobrir** a(s) dimensão(ões) no corpo da bomba que está(ão) na origem do problema.
- **Técnica utilizada:** Os passos seguintes foram utilizados para identificar as principais causas dos desvios no conjunto da bomba VE utilizando a ferramenta Comparação emparelhada.

> Idealmente, foram seleccionadas 6 partes boas e 6 partes más com base na resposta (Y).

> Ao selecionar o bom e o mau, deve selecionar-se o melhor dos melhores (BOB) e o pior dos piores (WOW). E a parte deve ser assinalada de 1 a 12.

> Na linha superior da tabela derivada, verifique onde ocorre uma transição pela primeira vez na resposta, ou seja, "BOB" muda para "WOW" ou "WOW" muda para "BOB". Desenhe uma linha no ponto de transição.

> Verifique também a partir de baixo e desenhe uma linha na primeira transição a partir de baixo. Conte o número de dados acima da linha para a transição superior. A isto chama-se a "contagem superior".

> Contar o número de dados abaixo da linha de transição inferior. A isto chama-se a "contagem inferior

> Somar as contagens superior e inferior, o que se designa por "contagem total".

> Verificar o número total. Se o número total numa tabela for >5, então esta causa é a causa do problema e se o número total for <5, então esta causa não é a causa do problema.

Estes são os passos mais importantes da ferramenta de comparação de pares, que utilizámos para encontrar a causa dos desvios na bomba VE. Seguimos os passos acima e encontrámos a causa do defeito no conjunto da bomba VE.

**- Dimensões suspeitas na caixa da bomba:**

> Distância do centro do parafuso do ombro à superfície da flange Especificação: 116,5 ±0,2 mm

> Distância do eixo da bomba do diâmetro do furo ao centro do parafuso de cabeça cilíndrica Especificação: 34 ±0,15 mm

> Distância entre a superfície exterior do parafuso de cabeça cilíndrica e o eixo da bomba Especificação: 33 ±0,1 mm

> Distância entre os parafusos dos ombros Especificação: 66 ±0,2 mm

> PCD do parafuso de fixação da flange Especificação do parafuso 82 ±0,1mm

> Concentricidade de Ø 82 em relação a Ø 67,5 Especificação: 0,1 mm

> Especificação da distância interna: 36 ±0,2 mm

> Simetria do parafuso do ombro Especificação: Máx. 0,6 mm

> Deslocação do parafuso de cabeça cilíndrica Especificação: Máx. 0,03 mm

A figura 5-6 mostra a montagem presumida com dimensões numeradas para o ensaio.

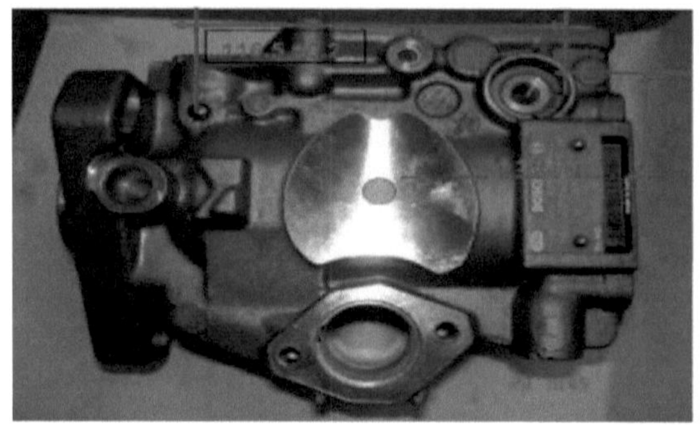

> Todos os quatro componentes são montados e observamos a causa do problema, onde seleccionámos 6 peças da cama e 6 peças boas, primeiro verificamos se existe algum erro na montagem, depois montamos algumas peças boas com a cama e depois verificamos se existe alguma especificação, se se desviarem, então o problema pode ocorrer, todas as possibilidades que verificamos, Idealmente 6 peças boas e 6 peças más foram seleccionadas com base na resposta.

> Ao selecionar o bom e o mau, deve selecionar-se o melhor dos melhores (BOB) e o pior dos piores (WOW). E a parte deve ser marcada de 1 a 12. Verificar também a partir da base e traçar uma linha na primeira transição a partir da base. Conte o número de datas acima da linha de transição superior. A isto chama-se "Contagem superior". Conte o número de dados abaixo da linha de transição inferior. A isto chama-se "Contagem inferior". Se somar as contagens superior e inferior, chama-se "Contagem total".

**- Ensaio de componentes 1**

Distância do centro do parafuso do ombro à superfície da flange 05 Especificação: 116,5 ±0,2 mm.

**Quadro 5- 6:** Ensaio da componente 1

| Distance from Shoulder screw center to flange face | | | Count |
|---|---|---|---|
| Sr.no | Category | Spec.(116.5 ±0.2) Face 05 | 0 |
| 5 | WOW5 | 116.5124 | |
| 9 | BOB3 | 116.5458 | |
| 4 | WOW4 | 116.5487 | |
| 2 | WOW2 | 116.5507 | |
| 10 | BOB4 | 116.5901 | |
| 7 | BOB1 | 116.6099 | |
| 1 | WOW1 | 116.6175 | |
| 12 | BOB6 | 116.6294 | |
| 11 | BOB5 | 116.6684 | |
| 6 | WOW6 | 116.6904 | |
| 8 | BOB2 | 116.6977 | |
| 3 | WOW3 | 116.7426 | |

Foram seleccionadas seis peças boas e seis peças más, que foram dispostas por ordem crescente da distância entre o centro do parafuso do ombro e a face da flange 05, tendo sido calculado o número total. O número superior é 1 e o número inferior é 1. O número total foi 2. Concluiu-se que a face da flange 05 não era a causa do problema com o conjunto da bomba VE (ver Tabela 5-6).

**- Ensaio de componentes 2**

Distância do centro do parafuso do ombro à superfície da flange 06 Especificação: 116,5 ±0,2 mm.

Quadro 5- 7: Ensaios de

| Distance from Shoulder screw center to flange face | | | Count |
|---|---|---|---|
| Sr.no | Category | Spec.(116.5 ±0.2) Face 06 | 4 |
| 5 | WOW5 | 116.4494 | |
| 4 | WOW4 | 116.4673 | |
| 9 | BOB3 | 116.4843 | |
| 2 | WOW2 | 116.5211 | |
| 12 | BOB6 | 116.5938 | |
| 11 | BOB5 | 116.6354 | |
| 1 | WOW1 | 116.6394 | |
| 10 | BOB4 | 116.6427 | |
| 6 | WOW6 | 116.6517 | |
| 3 | WOW3 | 116.6598 | |
| 7 | BOB1 | 116.6758 | |
| 8 | BOB2 | 116.6959 | |

Foram seleccionadas 6 partes boas e 6 partes más, que foram dispostas por ordem crescente para remoção

- **Ensaio de componentes 3**

Distância do eixo da bomba do diâmetro do furo ao centro do parafuso do ombro

Especificação: 34 ±0,15 mm.

Tabela 5- 8: Ensaio do componente 3

| Distance from pump axis of bore Dia. to center of shoulder screw. | | | Count |
|---|---|---|---|
| Sr.no | Category | Spec.(34 ±0.15) Face 05 | 3 |
| 6 | WOW6 | 32.9103 | |
| 4 | WOW4 | 33.6693 | |
| 12 | BOB6 | 33.6981 | |
| 9 | BOB3 | 33.7096 | |
| 5 | WOW5 | 33.7595 | |
| 2 | WOW2 | 33.8172 | |
| 3 | WOW3 | 33.9216 | |
| 11 | BOB5 | 34.0044 | |
| 8 | BOB2 | 34.0271 | |
| 10 | BOB4 | 34.0667 | |
| 1 | WOW1 | 34.0712 | |
| 7 | BOB1 | 34.0792 | |

que a distância do eixo da bomba do diâmetro do furo ao centro da superfície do parafuso de cabeça cilíndrica 05 não foi a razão do problema durante a montagem da bomba VE mostrada na Tabela 5-8.

- **Ensaio de componentes 4**

Distância do eixo da bomba do diâmetro do furo ao centro do parafuso do ombro

Especificação: 34 ±0,15 mm.

**Tabela 5- 9:** Ensaio do componente 4

| Distance from pump axis of bore Dia. to center of shoulder screw. | | | Count |
|---|---|---|---|
| Sr.no | Category | Spec.(34 ±0.15) Face 06 | 3 |
| 5 | WOW5 | 33.7732 | |
| 12 | BOB6 | 33.7825 | |
| 4 | WOW4 | 33.7878 | |
| 9 | BOB3 | 33.7903 | |
| 2 | WOW2 | 33.8146 | |
| 6 | WOW6 | 34.04 | |
| 11 | BOB5 | 34.0454 | |
| 3 | WOW3 | 34.0683 | |
| 8 | BOB2 | 34.0766 | |
| 1 | WOW1 | 34.078 | |
| 10 | BOB4 | 34.0949 | |
| 7 | BOB1 | 34.1069 | |

Foram seleccionadas seis peças boas e seis peças más e dispostas por ordem crescente da distância do eixo da bomba do diâmetro do furo ao centro do parafuso do ombro e foi calculado o número total. Neste caso, o número superior é 1 e o número inferior é 2, pelo que o número total é 3. Concluiu-se que a distância do eixo da bomba do diâmetro do furo ao centro da área do parafuso do ombro 06 não foi a causa do problema na montagem da bomba VE apresentada na Tabela 5-9.

**- Ensaio de componentes 5**

Distância entre a superfície exterior do parafuso de cabeça cilíndrica e o eixo da bomba

Especificação: 33 ±0,1 mm.

**Tabela 5- 10:** Ensaio do componente 5

| Distance from Shoulder screw outer face to pump axis. | | | Count |
|---|---|---|---|
| Sr.no | Category | Spec.(33 ±0.1) Face 05 | 2 |
| 11 | BOB5 | 32.886 | |
| 6 | WOW6 | 32.9103 | |
| 3 | WOW3 | 32.9225 | |
| 8 | BOB2 | 33.0033 | |
| 10 | BOB4 | 33.0614 | |
| 2 | WOW2 | 33.0747 | |
| 7 | BOB1 | 33.0754 | |
| 1 | WOW1 | 33.0822 | |
| 4 | WOW4 | 33.0935 | |
| 12 | BOB6 | 33.0942 | |
| 9 | BOB3 | 33.1108 | |
| 5 | WOW5 | 33.1222 | |

da superfície externa do parafuso de cabeça cilíndrica até a superfície do eixo da bomba 05 não foi o motivo do problema mostrado na Tabela 5-10 ao instalar a bomba VE.

**- Ensaio de componentes 6**

Distância entre a superfície exterior do parafuso de cabeça cilíndrica e o eixo da bomba Especificação: 33 ±0,1 mm.

**Quadro 5- 11:** Ensaios de componentes 6

| Distance from Shoulder screw outer face to pump axis. | | | Count |
|---|---|---|---|
| Sr.no | Category | Spec.(33 ±0.1) Face 06 | 4 |
| 4 | BOB4 | 32.8347 | |
| 5 | WOW5 | 32.8423 | |
| 4 | WOW4 | 32.8531 | |
| 1 | BOB1 | 32.8558 | |
| 2 | BOB2 | 32.8563 | |
| 6 | BOB6 | 32.8607 | |
| 2 | WOW2 | 32.8643 | |
| 3 | BOB3 | 32.9374 | |
| 5 | BOB5 | 32.9565 | |
| 6 | WOW6 | 33.0003 | |
| 3 | WOW3 | 33.0937 | |
| 1 | WOW1 | 33.883 | |

Foram seleccionadas seis partes boas e seis partes más e dispostas por ordem crescente da distância entre a superfície exterior do parafuso do ombro e o eixo da bomba, tendo sido calculado o número total. Neste caso, a parte superior é 1 e a parte inferior é 3, pelo que o número total é 4. Concluiu-se que a distância da superfície exterior do parafuso de cabeça cilíndrica ao eixo da bomba Face 06 não foi a razão do problema na montagem da bomba VE apresentada na Tabela 5-11.

**- Ensaio de componentes 7**

Distância entre os parafusos dos ombros Especificação: 66 ±0,2 mm.

**Quadro 5- 12:** Ensaios de componentes 7

| Distance between shoulder screws | | | Count |
|---|---|---|---|
| Sr.no | Category | Spec.(66 ±0.2) Face 05 | 0 |
| 11 | BOB5 | 65.8425 | |
| 8 | BOB2 | 65.8597 | |
| 10 | BOB4 | 65.8961 | |
| 6 | WOW6 | 65.9106 | |
| 7 | BOB1 | 65.931 | |
| 2 | WOW2 | 65.939 | |
| 4 | WOW4 | 65.9466 | |
| 12 | BOB6 | 65.9548 | |
| 5 | WOW5 | 65.9645 | |
| 1 | WOW1 | 65.966 | |
| 3 | WOW3 | 66.0161 | |
| 9 | BOB3 | 66.0482 | |

Foram seleccionadas seis peças boas e seis peças más, dispostas por ordem crescente da distância entre os parafusos dos ombros e calculado o número total. O contador superior é 0 e o contador inferior é 0, pois o estado superior e inferior é o mesmo. O número total foi 0. Concluiu-se assim

Concluiu-se que a distância entre a superfície exterior do parafuso de cabeça cilíndrica e o eixo da bomba Face 05 não foi a causa do problema aquando da montagem da bomba VE apresentada na Tabela 5-12.

**- Ensaio de componentes 8**

PCD do parafuso de montagem da flange Especificação 82 ±0,1mm dimensões assumidas na caixa da bomba.

**Quadro 5- 13:** Ensaios de componentes 8

| PCD of flange mounting Screw. | | | Count |
|---|---|---|---|
| Sr.no | Category | Spec.(82 ±0.1) Face 05 | 0 |
| 8 | BOB2 | 81.9286 | |
| 6 | WOW6 | 81.9287 | |
| 11 | BOB5 | 81.9384 | |
| 10 | BOB4 | 81.9438 | |
| 12 | BOB6 | 81.9438 | |
| 5 | WOW5 | 81.9539 | |
| 1 | WOW1 | 81.9555 | |
| 2 | WOW2 | 81.9647 | |
| 7 | BOB1 | 81.9858 | |
| 3 | WOW3 | 81.9876 | |
| 4 | WOW4 | 82.0089 | |
| 9 | BOB3 | 82.0168 | |

Foram seleccionadas seis peças boas e seis peças más e dispostas por ordem crescente para o PCD do parafuso de fixação da flange, tendo sido calculado o número total. O valor superior é 0 e o valor inferior é 0, uma vez que o estado superior e inferior é o mesmo. O número total foi 0. Concluiu-se que o PCD da área 05 do parafuso de fixação da flange não foi a causa do problema na montagem da bomba VE mostrada na Tabela 5-13.

**- Ensaio de componentes 9**

Concentricidade da lâmina 82 em relação à lâmina 67.5 Especificação: 0,1 mm.

**Quadro 5- 14:** Ensaios de componentes 9

| Con. Dia. 82 w.r.t Dia. 67.5 | | | Count |
|---|---|---|---|
| Sr.no | Category | Spec.(±0.1) | 7 |
| 11 | BOB5 | 0.0556 | |
| 7 | BOB1 | 0.0597 | |
| 10 | BOB4 | 0.0639 | |
| 9 | BOB3 | 0.0817 | |
| 3 | WOW3 | 0.0819 | |
| 6 | WOW6 | 0.1137 | |
| 1 | WOW1 | 0.1347 | |
| 12 | BOB6 | 0.1486 | |
| 8 | BOB2 | 0.1722 | |
| 4 | WOW4 | 0.1818 | |
| 5 | WOW5 | 0.1956 | |
| 2 | WOW2 | 0.2923 | |

Foram seleccionadas 6 peças boas e 6 peças más, que foram dispostas por ordem crescente de diâmetro concêntrico, tendo sido calculado o número total. Neste caso, o número superior é 4 e o número inferior é 3, uma vez que o estado superior e inferior é o mesmo. O número total foi 7, pelo que se concluiu que o diâmetro concêntrico 82 em relação a 67,5 foi o motivo do problema na montagem da bomba VE da Tabela 5-14.

**- Ensaio de componentes 10**

Especificação da distância interna: 36 ±0,2 mm

**Quadro 5- 15:** Ensaio de componentes 10

| Internal distance | | | Count |
|---|---|---|---|
| **Sr.no** | **Category** | **Spec.(36 ±0.2)** | **5** |
| 10 | BOB4 | 36.9794 | |
| 12 | BOB6 | 37.011 | |
| 11 | BOB5 | 37.2088 | |
| 6 | WOW6 | 37.4475 | |
| 5 | WOW5 | 37.4641 | |
| 8 | BOB2 | 37.6205 | |
| 9 | BOB3 | 37.6233 | |
| 2 | WOW2 | 37.6286 | |
| 4 | WOW4 | 37.6635 | |
| 7 | BOB1 | 37.7079 | |
| 3 | WOW3 | 37.7123 | |
| 1 | WOW1 | 37.7244 | |

Foram seleccionadas 6 peças boas e 6 peças más, dispostas por ordem crescente de folga interna, e o número total foi calculado. Neste caso, a parte superior é 3 e a parte inferior é 2. O número total é 5. Concluiu-se que a folga interna era a razão do problema aquando da montagem da bomba VE (ver Tabela 5-15).

**- Ensaio de componentes 11**

Simetria do parafuso do ombro Especificação: Máx. 0,6 mm.

**Quadro 5- 16:** Ensaios de componentes 11

| Run out of shoulder screw. | | | Count |
|---|---|---|---|
| **Sr.no** | **Category** | **Spec. 0.03 face 06** | **0** |
| 2 | WOW2 | 0.0204 | |
| 12 | BOB6 | 0.0261 | |
| 7 | BOB1 | 0.0411 | |
| 9 | BOB3 | 0.0445 | |
| 4 | WOW4 | 0.0474 | |
| 10 | BOB4 | 0.0517 | |
| 11 | BOB5 | 0.0565 | |
| 5 | WOW5 | 0.0576 | |
| 8 | BOB2 | 0.0595 | |
| 1 | WOW1 | 0.0611 | |
| 3 | WOW3 | 0.0651 | |
| 6 | WOW6 | 0.0735 | |

Foram seleccionadas seis peças boas e seis peças más e dispostas por ordem crescente para a saída do parafuso do ombro, tendo sido calculado o número total. A contagem superior é 0 e a contagem inferior é 0, uma vez que o estado superior e inferior é o mesmo. A contagem total foi de 0, pelo que foi chegou à conclusão de que a fuga do parafuso de cabeça cilíndrica 06 não foi a causa do problema durante a montagem da bomba VE apresentada na Tabela 5-16.

**- Ensaio de componentes 12**

Deslocação do parafuso de cabeça cilíndrica Especificação: Máx. 0,03 mm.

**Quadro 5- 17:** Ensaios de componentes 12

| Run out of shoulder screw. | | | Count |
|---|---|---|---|
| Sr.no | Category | Spec. 0.03 face 05 | 4 |
| 3 | WOW3 | 0.0091 | |
| 6 | WOW6 | 0.0115 | |
| 1 | WOW1 | 0.0143 | |
| 10 | BOB4 | 0.0202 | |
| 5 | WOW5 | 0.0208 | |
| 9 | BOB3 | 0.0218 | |
| 11 | BOB5 | 0.0223 | |
| 8 | BOB2 | 0.0235 | |
| 2 | WOW2 | 0.0237 | |
| 12 | BOB6 | 0.0396 | |
| 4 | WOW4 | 0.0484 | |
| 7 | BOB1 | 0.0524 | |

6    Seleccionaram-se 6 peças boas e 6 peças más, que foram dispostas por ordem crescente para a fuga do parafuso do ombro, e calculou-se o número total. Neste caso, a contagem superior é 3 e a contagem inferior é 1. A contagem total foi 4. Concluiu-se que a fuga da superfície 05 do parafuso do ombro não foi a causa do problema na montagem da bomba VE apresentada na Tabela 5-17.

7

### 5.2.4 Melhorar

A fase de melhoria do DMAIC consiste em melhorar o sistema. Estas melhorias são as causas principais seleccionadas que são abordadas na fase de análise. Estas alterações podem ser uma simples mudança na forma como alguém caminha, na forma como um processo é executado ou numa peça de equipamento. A própria fase de melhoria varia de instalação para instalação, consoante o tipo de processo utilizado.

- **Ferramenta utilizada:** Melhor VS Estado atual (parafuso de cabeça cilíndrica VS cabeça do distribuidor), tentando descobrir as partes BED e GOOD de (1-6) peças, como se mostra nos quadros 5-18 e 5-19.

Quadro 5- 18: Análise das melhorias B

| Better Condition | | | | |
|---|---|---|---|---|
| Pump Nr. | Housing | Concentricity < 0.1mm | Flange | Concentricity ≤0.1mm |
| Pump 1 | B1 | 0.0347 | G6 | 0.0714 |
| Pump 2 | G5 | 0.0556 | G1 | 0.0966 |
| Pump 3 | G1 | 0.0597 | G4 | 0.0974 |
| Pump 4 | G4 | 0.0639 | B1 | 0.1065 |

Quadro 5- 19: Análise das melhorias C

| Current Condition | | | | |
|---|---|---|---|---|
| Pump Nr. | Housing | Concentricity > 0.1mm | Flange | Concentricity > 0.1mm |
| Pump 5 | B4 | 0.1818 | B6 | 0.2118 |
| Pump 6 | BP | 0.1892 | B3 | 0.6376 |
| Pump 7 | G2 | 0.1722 | G5 | 0.3049 |
| Pump 8 | B2 | 0.2923 | B5 | 0.221 |

**- Dados de validação para a(s) causa(s) principal(is)**

A Tabela 5-20 mostra a comparação entre as condições B e C para identificar a causa raiz da melhoria.

Quadro 5- 20: Comparação B VS C

| Better Condition | |
|---|---|
| Pump nr. 1 | BAD |
| Pump nr. 2 | BAD |
| Pump nr. 3 | BAD |
| Pump nr. 4 | BAD |
| **Current Condition** | |
| Pump nr. 4 | BAD |
| Pump nr. 5 | BAD |
| Pump nr. 6 | BAD |
| Pump nr. 7 | BAD |

- **Validação dos dados**

A alavanca Fulcrum continua a apresentar incrustações em condições melhores do que as actuais, uma vez que o diâmetro interior não foi melhorado nesta fase.

- **Conclusão**

Por outras palavras, uma dimensão adicional (distância interna) que deve ser verificada para determinar a causa principal. Regressar à fase "Medir e analisar".

## 5.3 Fase 2 Análise do problema

**- Objetivo**

> Para saber que dimensão(ões) no corpo da bomba é(são) a(s) causa(s) do problema?

> Alcançar a sustentabilidade através da redução de resíduos no processo.

### 5.3.1 Medição e análise

- Dimensões suspeitas na caixa da bomba
> Distância interior (medida 28,5 mm acima do eixo principal do furo Especificação: 36,1±0,3 mm)

**- Ensaio de componentes**

Folga interna (medida 28,5 mm acima do eixo principal do furo) Especificação: 36 ±0,2 mm é a principal causa do problema.

**Quadro 5- 21:** Fase 2 do ensaio de componentes

| Internal distance (measured 28.5 mm above the main bore axis.) | | | Count |
|---|---|---|---|
| Sr.no | Category | Spec.(36±0.2) | 12 |
| 11 | BOB5 | 36.4 | |
| 7 | BOB1 | 36.5 | |
| 9 | BOB3 | 36.5 | |
| 8 | BOB2 | 36.6 | |
| 12 | BOB6 | 36.6 | |
| 10 | BOB4 | 36.7 | |
| 3 | WOW3 | 37 | |
| 6 | WOW6 | 37.3 | |
| 1 | WOW1 | 37.5 | |
| 2 | WOW2 | 37.7 | |
| 4 | WOW4 | 37.8 | |
| 5 | WOW5 | 37.8 | |

Foram seleccionadas 6 peças boas e 6 peças más, dispostas por ordem crescente de folga interna, e o número total foi calculado. Neste caso, a parte superior é 3 e a parte inferior é 1. O número total é 4. Concluiu-se que a folga interna foi a razão do problema na montagem da bomba VE (ver Tabela 5-17).

**5.3.2 Melhorar**

Após a remontagem, verificamos que a caixa com folga interna tem uma causa para o problema, que é apresentada na Tabela 5-22.

**Quadro 5- 22:** Fase 2 - Teste do conjunto

| After assembly | | |
|---|---|---|
| Housing | Spec.(36±0.2) | Result |
| Housing with internal distance less than 36.7 mm | | |
| BOB5 | 36.4 | Good |
| BOB1 | 36.5 | Good |
| BOB3 | 36.5 | Good |
| BOB2 | 36.6 | Good |
| BOB6 | 36.6 | Good |
| BOB4 | 36.7 | Good |
| Housing with internal distance more than 36.7 mm | | |
| WOW3 | 37 | Bad |
| WOW6 | 37.3 | Bad |
| WOW1 | 37.5 | Bad |
| WOW2 | 37.7 | Bad |
| WOW4 | 37.8 | Bad |
| WOW5 | 37.8 | Bad |

Na Tabela 5-22, é fácil ver que caixas com um espaçamento interno de 36,7 mm ou menos dão bons resultados, enquanto caixas com um espaçamento maior dão resultados ruins.

## 5.4 Controlo

A fase de controlo do DMAIC é o controlo do novo sistema. Nesta fase de controlo, determina-se se a fase de melhoria funcionou realmente como pretendido e se as causas principais foram resolvidas. Se as causas de raiz não tiverem sido resolvidas por este processo, deve ser efectuado outro ciclo DMAIC para resolver o problema adicional.

A última etapa do DMAIC chama-se controlo. Depois de as soluções terem sido encontradas e validadas, devem agora ser implementadas e mantidas. Isto significa que os inputs críticos devem ser controlados e os outputs do processo devem ser monitorizados. A monitorização garante que o processo não volta ao seu desempenho anterior. O objetivo da fase de controlo é garantir que as melhorias permaneçam e se tornem parte da forma normal de trabalhar. A única razão pela qual as melhorias devem ser revertidas é se for encontrada e validada uma forma ainda melhor de fazer as coisas. Se tivermos as nossas dimensões sob controlo, então eliminámos o problema com o dispositivo e obtemos bons resultados com a bomba distribuidora. Como resultado das etapas anteriores, as soluções recomendadas são agora conhecidas, bem como os efeitos positivos e negativos dessas soluções no sistema. No último passo do processo DMAIC, as responsabilidades de implementação são entregues ao pessoal-chave. Os invólucros com uma folga interna superior a 36,7 mm .as folgas internas superiores a 36,7 mm proporcionam bons resultados. À medida que a tecnologia muda, verifica-se frequentemente que as novas tecnologias são mais eficientes e práticas para as organizações, permitindo-lhes reduzir ainda mais o seu consumo de resíduos, energia e produtividade do que na altura da avaliação inicial.

# Capítulo 6 Discussão e conclusões

## 6.1 Discussão

O projeto descrito neste documento é um dos projectos que beneficiou da utilização de ferramentas Lean no âmbito da estrutura DMAIC. O Lean ofereceu alguns dos princípios básicos para otimizar o fluxo de produção. Estes princípios determinaram a orientação do projeto em muitas das suas fases. Ao mesmo tempo, as ferramentas Six Sigma permitiram a análise científica dos dados e uma avaliação exacta do potencial de melhoria do processo. Além disso, o processo DMAIC proporcionou um quadro claro que facilitou a implementação sistemática do projeto. Com base na experiência adquirida com este projeto de melhoria do processo de fabrico, pode dizer-se que o processo de melhoria Seis Sigma DMAIC pode beneficiar significativamente da inclusão de ferramentas Lean nas suas várias fases. O próprio processo DMAIC funcionou bem para este tipo de projeto, uma vez que orientou o projeto através das diferentes fases e assegurou que não fossem tomados atalhos. Por exemplo, a segunda fase "Medição" envolve a avaliação da exatidão do sistema de medição, o que pode ser facilmente esquecido. Se um passo tão importante for ignorado, a equipa do projeto não pode ter a certeza de que o sistema está realmente a funcionar e as conclusões seriam baseadas em dados potencialmente incorrectos.

Esta investigação é uma aplicação prática da metodologia Seis Sigma na avaliação do desempenho da manutenção de peças automóveis. É de salientar que o nosso projeto é o ponto de partida de um esforço contínuo para mudar não só a forma como realizamos a manutenção, mas também a forma como gerimos as nossas operações, uma vez que o Seis Sigma é uma filosofia de vida. Durante a implementação da abordagem DMAIC, tornou-se claro que um projeto Seis Sigma requer recursos e o empenho da gestão de topo. Embora o apoio da gestão de topo seja crucial, o papel do pessoal da gestão de linha também é importante. Por este motivo, deve ser ministrada formação sobre os conceitos de Desempenho de Classe Mundial e deve ser efectuada uma gestão visual adequada, por exemplo, quadros que assinalem os defeitos nas linhas de latas, etc., para incentivar o envolvimento e a participação dos trabalhadores. A parte mais difícil é (e será) espalhar o compromisso com o projeto por toda a organização. Desta forma, poderemos transmitir os conhecimentos adquiridos com o projeto e eliminar o desperdício na nossa organização. Por vezes, um formando Green Belt pode sentir-se como um "cavaleiro solitário" quando regressa à empresa e quer gerar retornos financeiros através de projectos bem sucedidos. Embora um empregado recém-formado em Green Belt possa exercer uma "pressão" considerável, é importante criar uma "atração" para o Seis Sigma que venha da direção. Sugere-se a realização de uma reunião antes da época alta para apresentar as possibilidades do método aos supervisores de turno, com base nos resultados desta dissertação.

## 6.2 Conclusões

Na nossa experiência, tanto a fase de definição como a de medição revelam-se as fases mais difíceis. Por exemplo, o nosso projeto pode ficar preso na fase de definição por várias razões, tais como uma definição pouco clara do problema e dos objectivos do projeto ou baixas probabilidades de sucesso. Quanto à fase de medição, o problema reside na forma como o tempo de inatividade é medido e em convencer os funcionários de que têm de registar todos os defeitos que ocorrem. Em resultado das limitações acima referidas, a dimensão das amostras foi reduzida, o que afecta a normalidade dos dados, uma vez que os valores tendem a agrupar-se exatamente no mesmo número. O tratamento estatístico dos dados mostrou que existe uma correlação entre o número de defeitos e o tempo total de inatividade e que 76,4% dos defeitos estão relacionados com práticas de manutenção e questões de desgaste. Este pode ser o caso, por exemplo, quando criamos ordens de trabalho e instruções de trabalho do tipo melhoria durante a execução das fases de melhoria e controlo. Outro aspeto interessante dos dados é o facto de 7,3% das causas dos erros serem atribuídas às competências dos trabalhadores. Este facto é bastante controverso, uma vez que não é fácil distinguir se um erro está relacionado com uma máquina mal mantida ou se está ligado a uma série de problemas como a falta de formação, recursos limitados, etc.

No que diz respeito à aplicação da política de manutenção preventiva, consideramos que se trata de um objetivo extremamente difícil para alcançar um desenvolvimento sustentável. Isto porque precisamos de dar um bom feedback ao sistema; caso contrário, o relatório de manutenção não é capaz de apoiar estratégias de manutenção alternativas, nem é adequado para apoiar as despesas de capital, por exemplo, em novas máquinas; no entanto, é essencial produzir bons relatórios, uma vez que a manutenção é uma função de serviço para a produção e tem o potencial de dar a uma empresa uma vantagem competitiva e, assim, influenciar o desempenho da fábrica.

Finalmente, é evidente que muitos conceitos de sustentabilidade da literatura relevante são aplicáveis ao nosso estudo de caso e que a identificação de resultados válidos de desenvolvimento sustentável com base na redução de resíduos permite a melhoria do desempenho da fábrica.

## 6.3 Futuro domínio de aplicação

O trabalho efectuado pode ser alargado para reduzir o desperdício de vários departamentos nos processos organizacionais, uma vez que o desperdício nas actividades de vários departamentos alternativos é muito rápido, sem que seja efetivamente implementado na realidade. Como a empresa está a crescer muito rapidamente, torna-se relevante para a empresa normalizar este processo para realizar vários trabalhos de montagem.

## Referências

- Avila, M. C., Gardner, J. D., Reich-Weiser, C., Vijayaraghavan, A., e Dornfeld, D. (2006). Estratégias de minimização de rebarbas e de limpeza no fabrico aeroespacial e automóvel. *Journal of Aerospace, SAE Transactions*, 114(1), 1073-1082.

- Anbari, F.T. (2002). Six Sigma Method and Its Applications in Project Management, Proceedings of the Project Management Institute Annual Seminars and Symposium [CD], San Antonio, Texas. 3-10 de outubro, Project Management Institute, Newtown Square, PA.

- Barber, J. (2007). Mapping the movement to achieve sustainable production and consumption in North America (Mapeamento do movimento para alcançar a produção e o consumo sustentáveis na América do Norte). *Journal of Cleaner Production*, *15*(6), 499-512.

- Brady, J. E., e Allen, T. T. (2006). Six Sigma literature: a review and agenda for future research. *Quality and Reliability Engineering International*, *22*(3), 335-367.

- Bona, I., e Fisher, J. (2011). Sustentabilidade: o ingrediente que falta na estratégia. *Journal of Corporate Strategy, 32* (1), 5-14.

- Clark, G. (2007). The development of global policy on sustainable consumption and production and the supporting activities of the United Nations Environment Programme (UNEP). *Jornal de Produção Mais Limpa,* 15(6), 492-498

- Deif, A. M. (2011). Um modelo de sistema para uma produção amiga do ambiente. *Journal of Cleaner Production*, *19*(14), 1553-1559.

- Enthone (2013). Relatório de Sustentabilidade Six Sigma [Online]. http://www.enthone.com/Sustainability/Six_Sigma_Sustainability.aspx. [Acedido em 10 de maio de 2015].

- Fricker, A. (1998). The measurement of sustainability. *Futures*, *30*(4), 367-375.

- Giardina, A. (2006). Sustentabilidade e Lean Six Sigma. [Em linha] http://proceedings.ndia.org/JSEM2006/Wednesday/Giardina.pdf [Acedido em 10 de maio de 2015].

- Goldstein, M. D. (2001) Six Sigma Programme Success Factors, *Six Sigma Forum Magazine,* 1(2), 36-45.

- Hui, I. K., He, L., & Dang, C. (2002). Environmental impact assessment in an uncertain environment (Avaliação do impacto ambiental num ambiente incerto).

*International Journal of Production Research*, 40(2), 375-388

- Jackson, A., Boswell, K., & Davis, D. (2011). Sustainability and triple bottom line reporting - what's it all about? *International Journal of Business, Humanities, and Technology*, 1(11), 55-59.

- Jovane, F., Koren, Y, & Boer, C. R. (2003). Presente e futuro da automação flexível: Em direção a novos paradigmas. *CIRP Annals-Manufacturing Technology*, 52(2), 543-560.

- Leahy, T. (2000). In search of perfection with Six Sigma, *Business Finance*, 5(1), 72-74.

- Linton, J. D., Klassen, R., & Jayaraman, V. (2007). Sustainable supply chains: An introduction. *Journal of Operations Management*, 25(6), 1075-1082.

- Wang, L., e Lin, L. (2007). A methodological framework for triple bottom line accounting and management of industrial enterprises. *International Journal of Production Research*, 45(5), 1063-1088.

- McClusky, R. (2000). The rise, fall, and resurgence of Six Sigma quality (A ascensão, queda e ressurgimento da qualidade Seis Sigma). Measuring Business Excellence, 4(2), 42-48.

- Mefford, R. N. (2011). O valor económico de uma cadeia de abastecimento sustentável. *Business and Society Review*, 116(1), 109-143.

- McCarty, T. D., e Fisher, S. A. (2007). Six Sigma: It's not what you think. *Journal of Corporate Real Estate*, 9(3), 187-196.

- Munier, N. (2006). Crescimento económico e desenvolvimento sustentável: poderá a análise multicritério ser utilizada para resolver esta contradição? *Ambiente, Desenvolvimento e Sustentabilidade*, 8(3), 425-443.

- Kumar, V., Mohanty, S., Kumar, A., Misra, R. P., Santosham, M., Awasthi, S., ... & Saksham Study Group. (1998). Impact of community-based behaviour change management on neonatal mortality in Shivgarh, Uttar Pradesh, India: a cluster-randomised controlled trial. *The Lancet*, 372(9644), 1151-1162.

- Naderi, A. (1996). Productive design: a new design mindset. *Conferência Mundial da APO sobre Produtividade Verde. - Manila*, 178-182.

- Pepper, M.P.J., e Spedding, T.A. (2010). The evolution of lean Six Sigma, *International Journal of Quality & Reliability Management*, 27(2), 138- 155.

- Pintellon, L., Pinjala, S.K. e Vereecke, A. (2006). Avaliação da eficácia das estratégias de manutenção. *Journal of Quality in Maintenance Engineering*, 12(1), 7-20.
- Paulk, M. C., Curtis, B., Chrissis, M. B., e Weber, C. V. (1993). Capability Maturity Model, Version 1.1. *IEEE Software,* 10(4), 18-27.
- Pereira, R. (2007). *Estatística descritiva*, Academia LSS. [Em linha]. http://lssacademy.com/2007/08/20/descriptive-statistics-part-1 (acedido em 18 de junho de 2015)
- Reynard, S. (2007). Motorola comemora 20 anos de Seis Sigma.19-27. o que é Seis Sigma? [Online] http://www.sdands.com/knowledge/whatis-six-sigma.html. (acedido em 18 de junho de 2015).
- Reiling, J. (2008). Lean versus Seis Sigma: Qual é a controvérsia? Qual é a diferença? [Em linha] http://www.articlesbase.com/business-articles/lean-versus-six-sigma-whats-the-controversy-what-the-difference-595677.html#ixzz17Y3zDWRW (acedido em 5 de maio de 2015).
- Salonen, A., e Deleryd, M. (2011). Cost of poor maintenance, *Journal of Quality in Maintenance Engineering*, 17(1), 63-73.
- Snee, R. D. (2004). Six Sigma: the evolution of a 100-year business improvement methodology. *International Journal of Six Sigma and Competitive Advantage, 1* (1), 4-20.
- Stuteville, R., e Ikerd, J. (2009). Global sustainability and service-learning: Paradigms for the future. *International Journal of Organisational Analysis, 17* (1), 10-22.
- Szekely, F., e Knirsch, M. (2005). Liderança responsável e responsabilidade social das empresas: Metrics for sustainable performance. *European Journal of Management, 23*(6), 628-647.
- Taghizadegan, S. (2010). *Fundamentals of Lean Six Sigma (Fundamentos do Lean Six Sigma)*. Butterworth-Heinemann.
- Thampapillai, D. J. (2010). Perfect competition and sustainability: a brief note. *International Journal of Socioeconomics*, 37(5), 384-390.
- Tomkins, R. (1997). *GE supera o aumento esperado.* Financial Times, 22.
- Comissão Mundial sobre o Ambiente e o Desenvolvimento (WCED) (1987). *O Nosso*

*Futuro Comum*. Oxford University Press, Londres.

- Wyckoff, A. (2014). OCDE: About sustainable manufacturing and the toolkit [Online].
  http://www.oecd.org/innovation/green/toolkit/aboutsustainablemanufacturingandthe toolki t.htm. (acedido em 15 de maio de 2015).

# Índice

Printed by Books on Demand GmbH, Norderstedt / Germany